数学的本性

[美] 莫里兹 ◎ 编著
朱剑英 ◎ 编译

MEMORABILIA MATHEMATICA

01

数学科学文化理念传播丛书
（第一辑）

大连理工大学出版社
Dalian University of Technology Press

图书在版编目(CIP)数据

数学的本性 /（美）莫里兹（Moritz. R. E.）编著 ；朱剑英编译. -- 大连 ：大连理工大学出版社，2023.1

（数学科学文化理念传播丛书. 第一辑）

ISBN 978-7-5685-4080-3

Ⅰ. ①数… Ⅱ. ①莫… ②朱… Ⅲ. ①数学－研究 Ⅳ. ①O1

中国版本图书馆 CIP 数据核字(2022)第 250920 号

数学的本性

SHUXUE DE BENXING

大连理工大学出版社出版

地址:大连市软件园路 80 号　邮政编码:116023

发行:0411-84708842　邮购:0411-84708943　传真:0411-84701466

E-mail:dutp@dutp. cn　URL:https//www. dutp. cn

辽宁新华印务有限公司印刷　大连理工大学出版社发行

幅面尺寸:185mm×260mm　印张:8. 25　字数:133 千字

2023 年 1 月第 1 版　2023 年 1 月第 1 次印刷

责任编辑:王　伟　责任校对:周　欢

封面设计:冀贵收

ISBN 978-7-5685-4080-3　定价:69. 00 元

本书如有印装质量问题,请与我社发行部联系更换。

数学科学文化理念传播丛书·第一辑

编写委员会

总　序

一、数学科学的含义及其在学科分类中的定位

20 世纪 50 年代初，我曾就读于东北人民大学(现吉林大学)数学系，记得在二年级时，有两位老师[①]在课堂上不止一次地对大家说："数学是科学中的女王，而哲学是女王中的女王."

对于一个初涉高等学府的学子来说，很难认知其言真谛. 当时只是朦胧地认为，大概是指学习数学这一学科非常值得，也非常重要. 或者说与其他学科相比，数学可能是一门更加了不起的学科. 到了高年级时，我开始慢慢意识到，数学与那些研究特殊的物质运动形态的学科(诸如物理、化学和生物等)相比，似乎真的不在同一个层面上. 因为数学的内容和方法不仅要渗透到其他任何一个学科中去，而且要是真的没有了数学，则无法想象其他任何学科的存在和发展了. 后来我终于知道了这样一件事，那就是美国学者道恩斯(Douenss)教授，曾从文艺复兴时期到 20 世纪中叶所出版的浩瀚书海中，精选了 16 部名著，并称其为"改变世界的书". 在这 16 部著作中，直接运用了数学工具的著作就有 10 部，其中有 5 部是属于自然科学范畴的，它们分别是：

---

① 此处的"两位老师"指的是著名数学家徐利治先生和著名数学家、计算机科学家王湘浩先生. 当年徐利治先生正为我们开设"变分法"和"数学分析方法及例题选讲"课程，而王湘浩先生正为我们讲授"近世代数"和"高等几何".

(1) 哥白尼(Copernicus)的《天体运行》(1543年);

(2) 哈维(Harvery)的《血液循环》(1628年);

(3) 牛顿(Newton)的《自然哲学之数学原理》(1729年);

(4) 达尔文(Darwin)的《物种起源》(1859年);

(5) 爱因斯坦(Einstein)的《相对论原理》(1916年).

另外5部是属于社会科学范畴的,它们是:

(6) 潘恩(Paine)的《常识》(1760年);

(7) 史密斯(Smith)的《国富论》(1776年);

(8) 马尔萨斯(Malthus)的《人口论》(1789年);

(9) 马克思(Max)的《资本论》(1867年);

(10) 马汉(Mahan)的《论制海权》(1867年).

在道恩斯所精选的16部名著中,若论直接或间接地运用数学工具的,则无一例外.由此可以毫不夸张地说,数学乃是一切科学的基础、工具和精髓.

至此似已充分说明了如下事实:数学不能与物理、化学、生物、经济或地理等学科在同一层面上并列.特别是近30年来,先不说分支繁多的纯粹数学的发展之快,仅就顺应时代潮流而出现的计算数学、应用数学、统计数学、经济数学、生物数学、数学物理、计算物理、地质数学、计算机数学等如雨后春笋般地产生、存在和发展的事实,就已经使人们去重新思考过去那种将数学与物理、化学等学科并列在一个层面上的学科分类法的不妥之处了.这也是多年以来,人们之所以广泛采纳"数学科学"这个名词的现实背景.

当然,我们还要进一步从数学之本质内涵上去弄明白上文所说之学科分类上所存在的问题,也只有这样才能使我们在理性层面上对"数学科学"的含义达成共识.

当前,数学被定义为从量的侧面去探索和研究客观世界的一门学问. 对于数学的这样一种定义方式,目前已被学术界广泛接受. 至于有如形式主义学派将数学定义为形式系统的科学,更有如形式主义者柯亨(Cohen)视数学为一种纯粹的在纸上的符号游戏,以及数学基础之其他流派所给出之诸如此类的数学定义,可谓均已进入历史博物馆,在当今学术界,充其量只能代表极少数专家学者之个人见解. 既然大家公认数学是从量的侧面去探索和研究客观世界,而客观世界中任何事物或对象又都是质与量的对立统一,因此没有量的侧面的事物或对象是不存在的. 如此从数学之定义或数学之本质内涵出发,就必然导致数学与客观世界中的一切事物之存在和发展密切相关. 同时也决定了数学这一研究领域有其独特的普遍性、抽象性和应用上的极端广泛性,从而数学也就在更抽象的层面上与任何特殊的物质运动形式息息相关. 由此可见,数学与其他任何研究特殊的物质运动形态的学科相比,要高出一个层面. 在此或许可以认为,这也就是本人少时所闻之"数学是科学中的女王"一语的某种肤浅的理解.

再说哲学乃是从自然、社会和思维三大领域,即从整个客观世界的存在及其存在方式中去探索科学世界之最普遍的规律性的学问,因而哲学是关于整个客观世界的根本性观点的体系,也是自然知识和社会知识的最高概括和总结. 因此哲学又要比数学高出一个层面.

这样一来,学科分类之体系结构似应如下图所示:

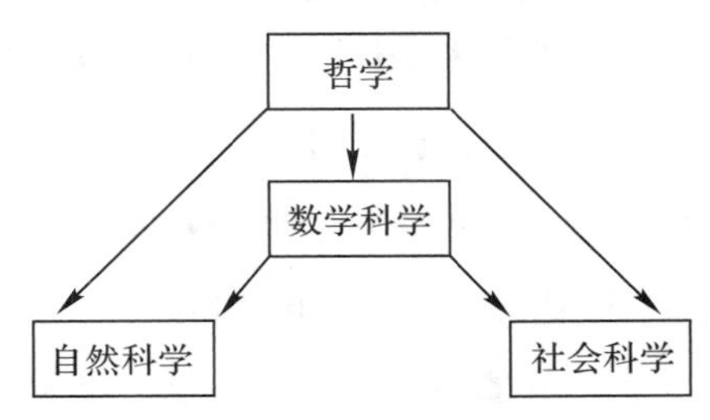

如上直观示意图的最大优点是凸显了数学在科学中的女王地位，但也有矫枉过正与骤升两个层面之嫌. 因此，也可将学科分类体系结构示意图改为下图所示：

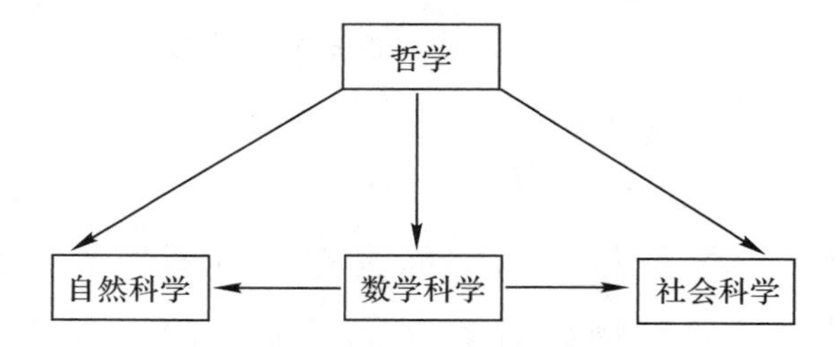

如上示意图则在于明确显示了数学科学居中且与自然科学和社会科学相并列的地位，从而否定了过去那种将数学与物理、化学、生物、经济等学科相并列的病态学科分类法. 至于数学在科学中之“女王”地位，就只能从居中角度去隐约认知了. 关于学科分类体系结构之如上两个直观示意图，究竟哪一个更合理，在这里就不多议了，因为少时耳闻之先入为主，往往会使一个人的思维方式发生偏差，因此留给本丛书的广大读者和同行专家去置评.

二、数学科学文化理念与文化素质原则的内涵及价值

数学有两种品格，其一是工具品格，其二是文化品格. 对于数学之工具品格而言，在此不必多议. 由于数学在应用上的极端广泛性，因而在人类社会发展中，那种挥之不去的短期效益思维模式必然导致数学之工具品格愈来愈突出和愈来愈受到重视. 特别是在实用主义观点日益强化的思潮中，更会进一步向数学纯粹工具论的观点倾斜，所以数学之工具品格是不会被人们淡忘的. 相反地，数学之另一种更为重要的文化品格，却已面临被人淡忘的境况. 至少数学之文化品格在今天已不为广大教育工作者所重视，更不为广大受教育者所知，几乎到了只有少数数学哲学专家才有所了解的地

步.因此我们必须古识重提,并且认真议论一番数学之文化品格问题.

所谓古识重提指的是:古希腊大哲学家柏拉图(Plato)曾经创办了一所哲学学校,并在校门口张榜声明,不懂几何学的人,不要进入他的学校就读.这并不是因为学校所设置的课程需要几何知识基础才能学习,相反地,柏拉图哲学学校里所设置的课程都是关于社会学、政治学和伦理学一类课程,所探讨的问题也都是关于社会、政治和道德方面的问题.因此,诸如此类的课程与论题并不需要直接以几何知识或几何定理作为其学习或研究的工具.由此可见,柏拉图要求他的弟子先行通晓几何学,绝非着眼于数学之工具品格,而是立足于数学之文化品格.因为柏拉图深知数学之文化理念和文化素质原则的重要意义.他充分认识到立足于数学之文化品格的数学训练,对于陶冶一个人的情操,锻炼一个人的思维能力,直至提升一个人的综合素质水平,都有非凡的功效.所以柏拉图认为,不经过严格数学训练的人是难以深入讨论他所设置的课程和议题的.

前文指出,数学之文化品格已被人们淡忘,那么上述柏拉图立足于数学之文化品格的高智慧故事,是否也被人们彻底淡忘甚或摒弃了呢?这倒并非如此.在当今社会,仍有高智慧的有识之士,在某些高等学府的教学计划中,深入贯彻上述柏拉图的高智慧古识.列举两个典型示例如下:

例1,大家知道,从事律师职业的人在英国社会中颇受尊重.据悉,英国律师在大学里要修毕多门高等数学课程,这既不是因为英国的法律条文一定要用微积分去计算,也不是因为英国的法律课程要以高深的数学知识为基础,而只是出于这样一种认识,那就是只有通过严格的数学训练,才能使之具有坚定不移而又客观公正的品格,并使之形成一种严格而精确的思维习惯,从而对他取得事业的成功大有益助.这就是说，他们充分认识到数学的学习与训练，绝非实用主义的单纯传授知识，而深知数学之文化理念和文化素质原则，在造就一流人才中的决定性作用.

例 2，闻名世界的美国西点军校建校超过两个世纪，培养了大批高级军事指挥员，许多美国名将也毕业于西点军校. 在该校的教学计划中，学员除了要选修一些在实战中能发挥重要作用的数学课程（如运筹学、优化技术和可靠性方法等）之外，还要必修多门与实战不能直接挂钩的高深的数学课. 据我所知，本丛书主编徐利治先生多年前访美时，西点军校研究生院曾两次邀请他去做“数学方法论”方面的讲演. 西点军校之所以要学员必修这些数学课程，当然也是立足于数学之文化品格. 也就是说，他们充分认识到，只有经过严格的数学训练，才能使学员在军事行动中，把那种特殊的活力与高度的灵活性互相结合起来，才能使学员具有把握军事行动的能力和适应性，从而为他们驰骋疆场打下坚实的基础.

然而总体来说，如上述及的学生或学员，当他们后来真正成为哲学大师、著名律师或运筹帷幄的将帅时，早已把学生时代所学到的那些非实用性的数学知识忘得一干二净. 但那种铭刻于头脑中的数学精神和数学文化理念，仍会长期地在他们的事业中发挥着重要作用. 亦就是说，他们当年所受到的数学训练，一直会在他们的生存方式和思维方式中潜在地起着根本性的作用，并且受用终身. 这就是数学之文化品格、文化理念与文化素质原则之深远意义和至高的价值所在.

三、“数学科学文化理念传播丛书”出版的意义与价值

有现象表明，教育界和学术界的某些思维方式正深陷于纯粹实用主义的泥潭，而且急功近利、短平快的病态心理正

在病入膏肓.因此,推出一套旨在倡导和重视数学之文化品格、文化理念和文化素质的丛书,一定会在扫除纯粹实用主义和诊治急功近利病态心理的过程中起到一定的作用,这就是出版本丛书的意义和价值所在.

那么究竟哪些现象足以说明纯粹实用主义思想已经很严重了呢?详细地回答这一问题,至少可以写出一本小册子来.在此只能举例一二,点到为止.

现在计算机专业的大学一、二年级学生,普遍不愿意学习逻辑演算与集合论课程,认为相关内容与计算机专业没有什么用.那么我们的教育管理部门和相关专业人士又是如何认知的呢?据我所知,南京大学早年不仅要给计算机专业本科生开设这两门课程,而且要开设递归论和模型论课程.然而随着思维模式的不断转移,不仅递归论和模型论早已停开,逻辑演算与集合论课程的学时也在逐步缩减.现在国内坚持开设这两门课的高校已经很少了,大部分高校只在离散数学课程中给学生讲很少一点逻辑演算与集合论知识.其实,相关知识对于培养计算机专业的高科技人才来说是至关重要的,即使不谈这是最起码的专业文化素养,难道不明白我们所学之程序设计语言是靠逻辑设计出来的?而且柯特(Codd)博士创立关系数据库,以及施瓦兹(Schwartz)教授开发的集合论程序设计语言 SETL,可谓全都依靠数理逻辑与集合论知识的积累.但很少有专业教师能从历史的角度并依此为例去教育学生,甚至还有极个别的专家教授,竟然主张把“计算机科学理论”这门硕士研究生学位课取消,认为这门课相对于毕业后去公司就业的学生太空洞,这真是令人瞠目结舌.特别是对于那些初涉高等学府的学子来说,其严重性更在于他们的知识水平还不了解什么有用或什么无用的情况下,就在大言这些有用或那些无用的实用主义想法.好像在他们的思想深处根本不知道高等学府是培养高科技人才的基地，竟把高等学府视为专门培训录入、操作与编程等技工的学校. 因此必须让教育者和受教育者明白，用多少学多少的教学模式只能适用于某种技能的培训，对于培养高科技人才来说，此类纯粹实用主义的教学模式是十分可悲的. 不仅误人子弟，而且任其误入歧途继续陷落下去，必将直接危害国家和社会的发展前程.

另外，现在有些现象甚至某些评审规定，所反映出来的心态和思潮就是短平快和急功近利，这样的软环境对于原创性研究人才的培养弊多利少. 杨福家院士说：①

“费马大定理是数学上一大难题，360 多年都没有人解决，现在一位英国数学家解决了，他花了 9 年时间解决了，其间没有写过一篇论文. 我们现在的规章制度能允许一个人 9 年不出文章吗？

“要拿诺贝尔奖，都要攻克很难的问题，不是灵机一动就能出来的，不是短平快和急功近利就能够解决问题的，这是异常艰苦的长期劳动.”

据悉，居里夫人一生只发表了 7 篇文章，却两次获得诺贝尔奖. 现在晋升副教授职称，都要求在一定年限内，在一定级别杂志上发表一定数量的文章，还要求有什么奖之类的，在这样的软环境里，按照居里夫人一生中发表文章的数量计算，岂不只能当个老讲师？

清华大学是我国著名的高等学府，1952 年，全国高校进行院系调整，在调整中清华大学变成了工科大学. 直到改革开放后，清华大学才开始恢复理科并重建文科. 我国各层领导开始认识到世界一流大学均以知识创新为本，并立足于综合、研究和开放，从而开始重视发展文理科. 11 年前，清华人立志要奠定世界一流大学的基础，为此而成立清华高等研究

① 王德仁等，杨福家院士“一吐为快——中国教育 5 问”，扬子晚报，2001 年 10 月 11 日 A8 版.

中心．经周光召院士推荐，并征得杨振宁先生同意，聘请美国纽约州立大学石溪分校聂华桐教授出任高等中心主任．5年后接受上海《科学》杂志编辑采访，面对清华大学软环境建设和我国人才环境的现状，聂华桐先生明确指出①：

“中国现在推动基础学科的一些办法，我的感觉是失之于心太急．出一流成果，靠的是人，不是百年树人吗？培养一流科技人才，即使不需百年，却也绝不是短短几年就能完成的．现行的一些奖励、评审办法急功近利，凑篇数和追指标的风气，绝不是真心献身科学者之福，也不是达到一流境界的灵方．一个作家，您能说他发表成百上千篇作品，就能称得上是伟大文学家了吗？画家也是一样，真正的杰出画家也只凭少数有创意的作品奠定他们的地位．文学家、艺术家和科学家都一样，质是关键，而不是量．

“创造有利于学术发展的软环境，这是发展成为一流大学的当务之急．”

面对那些急功近利和短平快的不良心态及思潮，前述杨福家院士和聂华桐先生的一番论述，可谓十分切中时弊，也十分切合实际．

大连理工大学出版社能在审时度势的前提下，毅然决定立足于数学文化品格编辑出版“数学科学文化理念传播丛书”，不仅意义重大，而且胆识非凡．特别是大连理工大学出版社的刘新彦和梁锋等不辞辛劳地为丛书的出版而奔忙，实是智慧之举．还有88岁高龄的著名数学家徐利治先生依然思维敏捷，不仅大力支持丛书的出版，而且出任丛书主编，并为此而费神思考和指导工作，由此而充分显示徐利治先生在治学领域的奉献精神和远见卓识．

---

① 刘冬梅，营造有利于基础科技人才成长的环境——访清华大学高等研究中心主任聂华桐，科学，Vol. 154，No. 5，2002年．

序言中有些内容取材于“数学科学与现代文明”[①]一文，但对文字结构做了调整，文字内容做了补充，对文字表达也做了改写.

朱梧槚

2008 年 4 月 6 日于南京

---

① 1996 年 10 月，南京航空航天大学校庆期间，名誉校长钱伟长先生应邀出席庆典，理学院名誉院长徐利治先生应邀在理学院讲学，老友朱剑英先生时任校长，他虽为著名的机械电子工程专家，但从小喜爱数学，曾通读《古今数学思想》巨著，而且精通模糊数学，又是将模糊数学应用于多变量生产过程控制的第一人. 校庆期间钱伟长先生约请大家通力合作，撰写《数学科学与现代文明》一文，并发表在上海大学主办的《自然杂志》上. 当时我们就觉得这个题目分量很重，要写好这个题目并非轻而易举之事. 因此，徐利治、朱剑英、朱梧槚曾多次在一起研讨此事，分头查找相关文献，并列出提纲细节，最后由朱梧槚执笔撰写，并在撰写过程中，不定期会面讨论和修改补充，终于完稿，由徐利治、朱剑英、朱梧槚共同署名，分为上、下两篇，作为特约专稿送交《自然杂志》编辑部，先后发表在《自然杂志》1997，19(1)：5-10 与 1997，19(2)：65-71.

目　录

一　数学的定义及其研究对象

1.1　我认为数学这个词是专为科学的应用而设的，正像我们论及逻辑学、修辞学或音乐那样，数学也有它自身的专门含义与特性.

——J. J. 西尔维斯特(J. J. Sylvester)

1.2　数学的研究对象就是数量之间的种种间接的度量关系，目的在于按照数量之间所存在的种种客观关系去决定它们的相对大小.

——A. 孔德(A. Comte)

1.3　从事数学研究的具体目的就是去发现和表述那些待考虑的现象之间的种种数学规律的方程式，而这些方程式就是从某些已知量去获得另一些未知量的种种演算的起点.

——A. 孔德(A. Comte)

1.4　数学是关于数量关系的科学，数量关系就是某物与他物在量的侧面相等与否的种种关系，但二物相等系指在任一断言中，两者可以互相取代.

——H. 格拉斯曼(H. Grassmann)

1.5　几何、理论算术和代数这类学科，都涉及我们在外部世界中所观察到的一切对象及其变易情况. 因此，对于这些数学关系的研究,就形成了各种处理自然现象的变易规律的学科.诸如天文学、光学和力学等,并由此而使这些学科常被称为混合数学,其中之空间关系和数量关系,都是和那些从专门的观察中所概括出来的原理结合在一起的;但几何或代数等学科却不包含直接经验,因而被称为纯粹数学.

——W. 惠威尔(W. Whewell)

1.6 高等数学乃是关于各种自然现象之间的数值关系的推理艺术,高等数学的各个部分,就是从各个方面探索和研究这些关系的不同方式.

——J. W. 梅洛尔(J. W. Mellor)

1.7 整个数学被三种思想观念统治着,或者说有三个基本概念渗透在整个数学领域中,这三个基本概念就是数、序和空间.事实上,每个数学真理都或者涉及其中之一,或者同时涉及其中之两个,甚或是三者的组合.

算术的研究对象是抽象的数的性质.代数则可视为运算的科学,序在其中则是一个颇占优势的观念.而几何是关于空间与空间中形体性质之演变的学科.

——J. J. 西尔维斯特(J. J. Sylvester)

1.8 纯粹数学的研究对象,是那些被包含在有序流形中的种种理想元素之间所建立的理性关系,流形中之序规律是必须经过严格挑选的,它们既可以是离散的,又可以是连续的.

——E. 帕佩里兹(E. Papperitz)

1.9 纯粹数学并不涉及具体的数量,而仅仅是一种已经转变为机械运算的相对有序观念的学说.

——诺瓦利斯(Novalis)

1.10　纯粹形式的科学只处理对象的特殊内容或实质内容之间的关系,特别是那些包含着量、测度和数等概念的对象之间的关系,它们都属于数学范畴.

——H. 汉克尔(H. Hankel)

1.11　在严格的意义下说,数学是一种抽象的科学. 它演绎地研究那些被蕴含在空间关系和数学关系中的原始概念的论断.

——J. A. H. 莫雷(J. A. H. Murray)

1.12　在最广泛的意义上说,数学乃是各种形式的和必然的演绎推理的展开.

——A. N. 怀特海(A. N. Whitehead)

1.13　一般说来,数学基本上是一种自我证明的科学.

——F. 克莱因(F. Klein)

1.14　纯数学是假言判断的种种演绎理论的汇集. 每一种理论都是由原始的不定义概念和符号,以及一系列不证自明的思想规定(通常称为公理)所组成的一个相容而确定的体系. 它们都是可靠而又不借助于直觉的一种演绎过程,一种合理的逻辑推演过程.

——G. D. 费契(G. D. Fitch)

1.15　数学是一门理性思维的科学. 它是研究、了解和知晓现实世界的工具. 复杂的东西可以通过这一工具简单的措辞去表达,从这一意义上说,数学可被定义为一种连续地用较简单的概念去取代复杂概念的学科.

——W. F. 怀特(W. F. White)

1.16 数学研究理想结构(通常应用于实际问题),并在这种研究中去发现各种结构之间的未知关系.

——C. S. 裴尔斯(C. S. Peirce)

1.17 数学是智能的一种形式.利用这种形式,我们可以把现象世界中的种种对象,置于数量概念的控制之下.

——G. H. 霍维逊(G. H. Howison)

1.18 数学是关于函数规律与变换的一门学科.它能使我们把形象的外延与规定的运动转换成数.

——G. H. 霍维逊(G. H. Howison)

二　数学的本性

2.1　思维的经济原则在数学中得到了高度的发挥. 数学是各门科学在高度发展中所达到的最高形式的一门科学, 各门自然科学都频繁地求助于它.[①]然而令人奇怪的是,数学的力量却在于它避免了一切不必要的思想而采取了最为经济的思维方式. 序号被称为数,这就已经形成了一种奇妙、简单而又经济的系统. 当我们进行数的乘法运算时,对于乘法表的利用,就使我们能利用先前已完成的结果,而不必每一次都去做重复的运算. 又如当我们利用对数表时,同样也是利用已完成的计算去取代新的数值计算. 再例如,当我们利用行列式去解方程组时,以及当我们把新的积分表达式分解成其他已知表达式时,我们都可看到拉格朗日(Lagrange)或柯西(Cauchy)的智力活动,他们总是以军事司令官的敏锐识别力,统率着所有已完成的运算的"军队",并由此而去执行新的运算任务.

——E. 马赫 (E. Mach)

2.2　数学的本质就在于它的自由.

——G. 康托尔(G. Cantor)

2.3　数学沿着它自己的道路而无拘无束地前进着,这

① 数学的现代发展表明,各门社会科学也已同样地不断求助于数学了. ——译者注

并不是因为它有不受法律约束之类的种种许可证，而是因为数学本来就具有一种由其本性所决定的，并且与其存在相符合的自由.

——H. 汉克尔(H. Hankel)

2.4 在逻辑矛盾的限度内，数学家们有权自由选择他们自己所喜欢的路线去达到他们的目的.

——H. 亚当斯(H. Adams)

2.5 数学不是规律的发现者，因为它不是归纳. 数学也不是理论的缔造者，因为它不是假说. 但数学却是规律和理论的裁判和主宰者，因为规律和理论都要向数学表明自己的主张，然后等待数学的裁判. 如果没有数学的认可，则规律不能起作用，理论也不能进行解释.

——B. 皮尔士(B. Peirce)

2.6 数学是一种连绵不断地发展着的科学. 它不同于某些政治事件或工业事件，数学的成长和发展伴随着宇宙的欢呼.

——H. S. 怀特(H. S. White)

2.7 数学仅考虑那些具有确切不变之名称的清晰事物，[①]并以少数几条公理作为前提，研究这些公理的特性，并由此而不断地引出结论. 数学也建立少数的假设，但这些假设都是高度合理而不被任何人拒绝的. 数学也确立某些易被人们所了解和接受的目标，并保留了最为精确的次序，每一个命题都紧接在先前已假定的和已证明的命题之后. 数学将

① 就当今意义而言，由于模糊数学的诞生和发展，此处所说“数学”只能指精确性经典数学. ——译者注

拒绝所有不能被推导和演绎的事物，不管这些事物是如何貌似合理和真实.

——I. 巴罗(I. Barrow)

2.8　在大多数科学中，后一代人往往摧毁了前一代人所建立的成就，但在数学中，每一代人都是在老的结构上建立新的成果.①

——H. 汉克尔(H. Hankel)

2.9　数学是确定性和清晰性的女术士.

——J. F. 赫巴特(J. F. Herbart)

2.10　……数学分析与自然界一样的广阔，它可以定义所有可了解的关系，测量时间、空间、力和温度. 这是一门形成缓慢而又艰深的学科. 它小心地保留了每一条必须保留的原则；在人类思维的变易与错误中，数学分析不断地增长而且变得愈来愈强大有力.

——J. 傅里叶(J. Fourier)

2.11　分析学与自然哲学都把它们的最重要的发现归功于归纳法这一卓越工具的运用. 牛顿也把他的二项式定理及万有引力定律的发现归功于归纳法的运用.

——拉普拉斯(Laplace)

2.12　算术计算和代数计算的每一个步骤中，都有从事实到事实的归纳和推理，还有那些乔装打扮的归纳步骤，这

① 此处摘录黑格尔(Hegel)的名言，以供对照参考. 黑格尔说："一般地驳斥……体系，并不是意味着抛弃它，而是进一步发展它，不是用其他的、片面的对立物去代替它，而是把它包含在某种更高的东西中."——译者注

就是概括性和语言表述上的普遍性.

——J. S. 密尔(J. S. Mill)

2.13 几何、理论算术和代数这些学科除了定义和公理以外,没有其他原则;除了演绎以外,没有其他证明过程.但就在这一过程中,却已综合了简单性、复杂性、严密性和一般性,这一特性是不为其他学科所具有的.

——W. 惠威尔(W. Whewell)

2.14 ……数学知识有三个不同于其他知识的主要特征:其一是数学知识比其他知识更清晰地使其结果具有真理性;其二是数学知识乃是获得其他正确知识的必经的第一步;其三是数学知识的获得并不依赖于其他知识.

——H. 肖伯特(H. Schubert)

2.15 数学家毫不顾及声明或猜想,他们仅仅根据定义和公理,并用论证和推理来演绎每一件事.事实上,现在把那些仅由猜想或假说建立起来的理论称为科学是不正确的,因为猜想往往求助于某种见解或主张,因而它不能由此而产生知识.

——T. 里德(T. Reid)

2.16 任何可靠的推理过程,都不可能产生不包含在前提中的结果.

——J. W. 梅洛尔(J. W. Mellor)

2.17 在数学中,若把每一件事都简化为直觉知识,则其证明就会变得极其冗长.因此数学家总是聪明地把困难加以分解,进而分别地去证明一系列中间命题,其中当然包含许多技巧.中间定理(通常称为引理)往往可用多种方法去设计.为了便于理解和记忆,最好选择那些证明过程简短的结果作为中间定理.但应指出,要想论证所有的公理,并把这些论证全部简化为直觉知识是极其困难的.如果我们过去就想这么做,那么就不会有今天的几何学.

——G. W. 莱布尼茨(G. W. Leibniz)

2.18 在纯数学中,各种不同类型的真理都必须是相互联系和相互制约的(同时还必须和那些作为科学原理的假设互相联系).由于原理为数甚少,因此各部分的安排就必须十分妥善.在科学中,值得我们称赞的是那些为数众多而又令人惊奇的结论均可从如此之少的前提中演绎出来.

——D. 斯泰沃尔特(D. Stewart)

2.19 数学中有许多争议不是关于事物之真伪的争论,而往往关于某种数学证明过程是否还能进一步简化,或者关于被证明的命题对科学的发展是否具有十分重要的意义,或者关于该命题是否为某些其他更容易发现的普遍真理之特例等情况的争论.

——H. 肖伯特(H. Schubert)

2.20 历史使人聪明,诗歌使人机智,数学使人精细,哲学使人深邃,道德使人严肃,逻辑与修辞使人善辩.

——F. 培根(F. Bacon)

2.21 数学家们只处理事物的两种性质,即事物的量性与广延性.他们过去所希望从事的归纳方面的工作早已完成,而现在则除了演绎和证明之外再不从事其他工作了.

——T. H. 赫胥黎(T. H. Huxley)

2.22 数学是这样的学科,它对观察、经验、归纳与因果关系都是不了解的.[①]

——T. H. 赫胥黎(T. H. Huxley)

2.23 有人说:“数学是这样的学科,它对观察、经验、归纳与因果关系都是不了解的.”但我认为如下的事实也是无可辩驳的:即数学分析经常需要借助于某些新原理、新思想和新方法,这些都不是随意地用一些文字就能定义出来的.它们都来自人类智力活动的一种内在能力,来自思想内部世界的不断更新.在这个内部世界中,现象也是不断地变化着的,因而也要像人们分辨外部物理世界那样细心地去分辨这些现象,就像分辨物体及其影子,或像分辨一个人握住另一个人的拳头那样去分辨其间的关系.因而经常需要观察和比较,而进行观察和比较的主要武器之一就是归纳.所以数学分析就经常求助于实验和检验,它给想象与发明提供了无数个练习的机会.

——J. J. 西尔维斯特(J. J. Sylvester)

2.24 数学发明创造的动力不是推理,而是想象力的发挥.

——A. 德·摩根(A. De Morgan)

2.25 数学中也有惊人的想象……再说一遍,阿基米德(Archimedes)脑海中的想象远比古希腊大诗人荷马(Homer)头脑中的想象丰富.

——伏尔泰(Voltaire)

---

① 请参阅对照下述 2.23 条内容.——译者注

2.26 数学研究与数学知识的本质特征在于如下三个方面：其一是对于古老的数学发现与数学真理的保守态度；其二是采取在已有成果的基础上获得新知识的发展方式；其三是维持一种自给自足的绝对独立性.

——H.肖伯特(H. Schubert)

2.27 数学是那种科学浪漫倾向的不可调和的敌人.

——阿拉哥(Arago)

2.28 精通数学分析的专家都知道，数学分析的目的不在于简单的数字计算，而是要去寻找那些不能以数字表达的数量关系，以及那些不能以代数式表示而又合乎规律的函数关系.

——A. A.古诺(A. A. Cournot)

2.29 空间和时间是数学的王国.数学在时空中是至上的，在那里，除了顺序之外别无其他，除了数学规律之外什么也不发生.数学的神秘书卷是为那些能阅读它的过去、现在和未来的人们书写的，任何知识素材都有数、序、位.在宇宙中，它们是知识素材的第一外形.

——W.斯波蒂斯伍德(W. Spottiswoode)

2.30 数学和辩证法一样，都是人类高级理性的体现.当它在演变时，就和雄辩术一样，都是一种艺术.两者都重形式而轻内容，数学是无形物，它既可以计算便士，也可计算基尼[①]，这正如修辞学不管真伪一样.

——歌德(Goethe)

---

① 基尼是旧英国金币.——译者注

三　对数学的评价

3.1　数学……是细心思考的准则与理想物.

——G. S. 霍尔(G. S. Hall)

3.2　数学是真实的玄学体系.

——W. 汤姆逊(W. Thomson)

3.3　数学的推理是一种完美的推理.

——P. A. 巴尔奈特(P. A. Barnett)

3.4　数学系统一旦在少数公理和原始定义的基础上完美地建立起来,则就构成了一个坚如磐石的基础,然后年复一年地发展和成长,最终形成一种能令人类理性引以为豪的坚固结构.

——T. 里德(T. Reid)

3.5　笛卡儿(Descartes)的解析几何与牛顿、莱布尼茨(Leibniz)的微积分已被扩张到罗巴切夫斯基(Lobachevsky)、黎曼(Riemann)、高斯(Gauss)和西尔维斯特(Sylvester)的奇异的数学方法中(这种扩张比哲学史上所记载的任何一门学科的扩张更大胆). 事实上,数学不仅是各门科学所必不可少的工具,而且它从不顾及直观感觉的约束而自由地飞翔着. 从历史观点来说,数学还从没有像今天那样表现出对于纯粹推理的至高无上.

——N. M. 巴特勒(N. M. Butler)

3.6 数学是科学的大门和钥匙……忽视数学必将伤害所有的知识,因为忽视数学的人是无法了解任何其他科学乃至世界上任何其他事物的.更为严重的是,忽视数学的人不能理解到他自己这一疏忽,最终将导致无法寻求任何补救的措施.

——F. 培根(F. Bacon)

3.7 数学不应被想象为一种费解、难懂而又违背常识的东西.实际上,数学正是常识的精微化.

——W. 汤姆逊(W. Thomson)

3.8 数学的发展与至善和国家的繁荣昌盛密切相关.

——I. 拿破仑(I. Napoléon)

3.9 对于数学的酷爱,不仅在吾辈之中与日俱增,而且在军队中也是一样,对此已在上次战役中充分地体现出来了.拿破仑自己就有很好的数学素养.当然,不能要求所有学过数学的人,都能成为拉普拉斯(Laplace)或拉格朗日(Lagrange)那样的几何学家,或者都成为拿破仑那样的英雄.但是,数学毕竟在他们的头脑中留下了痕迹,这就能使他们比未经数学训练的人做出更多的贡献或从事更多的工作.

——拉兰德(Lalande)

3.10 许多艺术能够美化人们的心灵,但却没有哪一种艺术能比数学更有成效地去美化和修饰人们的心灵.

——H. 毕林斯雷(H. Billingsley)

3.11 正如太阳以其自身的光辉致使其他星球黯然失色那样,一个有知识的人,如果他能提出代数问题,那么他就会声誉超群;如果他还能解决代数问题,那么他将声名赫赫.

——婆罗摩笈多(Brahmagupta)

3.12 古代十分重视数与形. 德谟克利特(Democritus)视原子之形为万物的第一原则,而毕达哥拉斯(Pythagoras)则视数为万物之本源.

——F. 培根(F. Bacon)

3.13 没有哪一门科学能比数学更为清晰地阐明自然界的和谐性.

——P. 卡洛斯(P. Carus)

3.14 牛顿的发现为英国和全世界做出了巨大的贡献. 这一贡献超过全部英国王朝所做的一切. 我们也毫不怀疑地认为,1853 年哈密顿(Hamilton)四元数理论的诞生,它给人类所带来的利益,绝不比维多利亚(Victoria)王朝的任何业绩逊色.

——T. 希尔(T. Hill)

3.15 几何与机械现象是最普遍、最简单和最抽象的,由此可得出结论:学习任何东西必不可少的第一步就是学习数学. 数学在科学的等级中必然是最上层的,并且不论对普通教育还是专门教育来说,数学教育乃是任何教育的起点.

——A. 孔德(A. Comte)

四　数学的价值

4.1　数学的性质与结构，决定其素材与内容特别适宜于中学教育，特别是高中的数学课程，虽然都是用初级形式表述的基础知识，但其后续学科所要求的种种特性却已被组合在其中. 数学能够集中、加速和强化人们的注意力；能够给人发明创造的精细与谨慎的谦虚精神；能够激发人们追求真理的勇气和自信心. 数学揭示着事物的本质与内核，它以形式简单而内涵丰富为特征. 数学从深度与广度两个方面去揭示隐藏在表面现象后面的客观规律和思想要素. 数学又促进了艺术感知、得体的判断与实施，以及事物之科学的概括与综合. 因此，与任何其他学科相比，数学更能使学生们得到充实和增添知识的光辉，更能锻炼和发挥学生们探索事理的独立工作能力. 数学能够集中学生们的智力活动，并使他们专心致志，从而使得学生们能够了解自己的才能、疑问、自信心和获得工作中的喜悦. 数学又往往以其独特的风格而引人入胜，并由于其方法的普遍适用性和应用的广泛性而使人深信不疑. 因此，学生们所接受的数学知识，以及他们为了获得正确的数学概念和求解数学问题所做出的努力，都会使得他们更加成熟而机灵，进而得以摆脱事物的表面现象而深入事物的本质. 如此就能大大激发学生们的强烈的求知欲，从而促使他们认真地为进入高等学府深造而做好准备.

——E. 狄尔曼(E. Dillmann)

4.2 在中学的各门课程中,没有哪一门课程能像初等数学那样容易使初学者产生那种清晰、直接、动人而又朴素的回想.

——G. 迈尔斯(G. Myers)

4.3 数学是一种思维形式,它牢固地扎根于人类智慧之中,即使是原始民族,也会在某种程度上表现出这种数学思维的能力,并且随着人类文明的发展而发展着……数学表现了人类思维的本质和特征,并在任何国家与民族的文明中都会有所体现,因而在当今意义下,任何一种完善的形式化思维,都不能忽略这种数学思维形式.

——J. W. A. 扬(J. W. A. Young)

4.4 数学一般通过直接激发创造精神和活跃思维的方式来提供其最佳服务.

——J. F. 赫巴特(J. F. Herbart)

4.5 教给儿童算术和拉丁语文法,要比教给儿童修辞学和道德哲学为好,因为儿童需要有正确的行为,而且能力比知识重要.

——R. W. 艾麦逊(R. W. Emerson)

4.6 如果一个人的注意力经常不能集中,则就让他去学习数学,因为在证明数学定理时,只要他的智力活动稍有转移,则就必须重新开始.

——F. 培根(F. Bacon)

4.7 如果一个人像小鸟那样容易分散注意力,那么学习数学当是一种补救的办法. 因为在从事数学工作的时候,即使是一刹那间思想不集中,那么,前已所做的数学证明就前功尽弃,从而必须重新开始.

——F. 培根(F. Bacon)

4.8　按照形而上学哲学家们的观点,他们把数学看成是教育的工具,认为数学教学能够训练人们集中注意力,提高对次序观念的感知能力与构造能力. 数学还能使人们学会运用简单公式去掌握物理现象的量性差别.

——B. 焦维特(B. Jowett)

4.9　数学的另一个伟大而又特殊的优点是要求数学工作者必须自觉地努力和勤奋. 把一个学生送进一所教学环境良好的学校去学习,要想仅仅通过某种轻松而又偶然的机会,就把他造就为一个数学家是绝不可能的. 良好的学习环境仅仅是造就人才的预备条件,能否取得杰出的成就,必须依靠自己的努力奋斗.

——I. 托德夯脱(I. Todhunter)

4.10　数学是"西点军校"①学生所必修的基础课程之一. 之所以这样做,正是因为数学的学习能严格地培训学员们把握军事行动的能力与适应性,能使学员们在军事行动中的那种特殊的活力与灵活性互相结合起来,并为学员们进入和驰骋于高等军事科学领域而铺平道路.

——佚名

4.11　数学不仅具有其他学科(如外语、美术以及别的

---

①　西点军校是闻名于世的美国军校,被誉为西方名将的摇篮. 该校创建于 1802 年,学校坐落于纽约州东南部的西点;西点军校的培养目标不是沙场上冲锋陷阵的勇士,而是运筹帷幄的将帅. 西点军校要求学员们博古通今,能文能武. 美国许多高级将领都是西点军校的毕业生. 第一次世界大战时美国驻欧洲远征军司令潘兴,第二次世界大战名将巴顿、艾森豪威尔以及五星上将麦克阿瑟,都毕业于西点军校. ——译者注

自然科学等)所具有的优点,而且在更高的程度上具有其他学科所不具有的优点.

绝大多数读者都会同意这样一种意见:一次公开讲演被称得上是成功的,其基本条件首先是能使听讲者的注意力集中,而最终又能使听讲者从讲演中吸取全部有益的东西.应该说,数学讲演是最容易使讲演者实现上述基本条件的,这一点是任何别的学科都不能与数学相比的.在数学中,推理的严谨与证明的严格,即一步一步地从约定的假设出发,直至所求结论的出现,都能使学生们得到智力上的良好训练.几乎没有其他环境能像数学那样使学生们如此直觉地感到思想的重要性,而置风格于无关紧要的位置.也没有其他环境能像数学那样简单、得体、容易和不受干扰地使学生们自然而又健康地成长.须知风格乃是一种文学习惯的形式,它不过是一种背景,而且最终会消失.然而作为个性的表现而言,却是与学生们的连续不断的发展与成长中的活动不可分割的.在这些活动中,学生们经常向他们的智力对手们去演说,并在演说中去做一系列的推理.

柏拉图(Plato)曾在他的哲学学校的大门上贴着"不熟悉几何学的人请勿入内"这样的格言.人们可能希望在科学与艺术的讲演大厅的入口处也写上这样的格言.

——W. F. 怀特(W. F. White)

4.12 数学内容是运用包含着大量符号的数学语言来表述的,因而数学训练能为学习其他科学做出最好的准备……世界上任何科学工作都需要运用与精通符号.

——J. W. A. 扬(J. W. A. Young)

4.13 以前我曾说过:数学,特别是其中的代数学,能给人们对于事物的理解与认识提供新的帮助与启发.我这样说,并不是要求每一个人都成为高明的数学家或造诣精深的代数学家,而只是认为学习数学,对一个人的成长和发展是非常有益的.首先,经验告诉我们,学习数学的人懂得如何进行完善的推理,一个人仅仅知道他所满意的那些事情是很不够的.其次,数学能够帮助学生们去更好地学习其他课程.人们在学习过程中,可能会自认为自己的理解力如何高超,但在许多情况下,往往会由于对事物的表面理解与肤浅认识而导致失败.因为对于事物的表面理解与肤浅认识,会使人不了解自己对事物的主观臆断,以致不能对该事物进行扩展,进而就不能发挥和发展自身之理解力的敏锐性和渗透性.

——J. 洛克(J. Locke)

4.14　我曾说过,数学是一种方法.数学能使人们的思维方式严格化,养成有步骤地进行推理的习惯.当然,我并不主张所有的人都成为知识渊博的数学家,而只是认为,人们通过学习数学,能使他们的理智获得逻辑推理的方法,由此他们就可能去把知识进行推广和发展.对于种种推理而言,每个论点都要像数学证明那样去论证,弄明白各种观点之间的相互联系和相互依存关系,直到找出其根源与本质所在.

——J. 洛克(J. Locke)

4.15　纯数学的学习和研究,作为推理能力的训练而言,则是最好不过的.因为数学推理是一种纯粹的逻辑推理,因而不会受武断的影响.数学的优越之处在于一旦开始研究某一事物,便能在智力练习中对事物进行分解与组合.

——R. 渥特雷(R. Whately)

4.16　经典的评论都认为,几何就是极好的逻辑.

——G. 贝克莱(G. Berkely)

4.17 假如我们想摆脱猜想与概率而去进行一些推理的训练,并且不再完成权衡证据或由结合实例而上升到普遍命题的困难任务,如果我们只是简单地希望知道如何处理所获之命题,以及如何根据这些命题去进行演绎推理,那么显然地我们就必须在自己的思想宝库中存放那些正确的原理,特别是那些最原始的公理或原则都必须正确无误.事实上,如果我们的思维过程导致了错误的结论,这可能就是由于一开始就接受了错误的前提,在此情况下,无论我们的推理过程如何无误,也不可能再从错误的结论中解救出来.另一种情况可能是原始依据无误,但在推理过程中出现失误,因而导致错误结论.在数学或其他科学中,在几何、算术、代数、三角学以及关于变量或曲线的微积分中,其最原始的原则是没有也不可能有错误的,因而我们在此就只需把注意力集中于推理过程.上述这些学科都是基于空间与数的原始真理的,因而通常认为这些学科所提供的理论都是正确的理论.柏拉图曾在他的哲学学校门口张榜声明:"不熟悉几何学的人请勿入内."但这并不表示那些涉及线与面的问题要在他的各种课程中进行讨论.相反地,柏拉图所注意的那些论题,却都是关于社会的、政治的和道德的深刻问题.对于这些问题的探索,思维本身也能受到锻炼.柏拉图及其追随者试图得到关于人的存在、责任、尊严及人们与他们所面对的上帝与未知世界之关系的结论.然而几何与这些事情有什么关系呢?简言之,一个人如果没有经过系统的推理思维的严格训练,他就不能适应对上述那些高级的论题的讨论和探索.人们所需获得的逻辑知识与从几何学中获得的知识十分相似.几何学在柏拉图时代是唯一被系统化了的科学.在英国,我们未来的律师、牧师和政治家都要在大学里学习有关曲线、角度、数量及比例等数学知识,这并不是因为这些数学课程与他们的生活需要或攻读方向有多大的关系,而是因为他们通过学习这些数学知识,就能养成坚定不移的、严格而精确的思维习惯,这对于今后取得成功是必不可少的.

——J. C. 费契(J. C. Fitch)

4.18　众所周知,善于推理的能力不是天生的.经验告诉我们,教育能促使那些潜在能力的发展.如果没有教育,这些潜在能力就发展不起来.正如要获得游泳和筑围墙的技术,就必须先去学习游泳和筑围墙一样;要获得推理的技巧和具有推理的能力,也必须先去学习推理.为了推理,我们要选取和掌握各种思想与材料,要研究语言、数学与历史.当我们对某些事物进行推理时,只要这些事物确实是可以进行推理的,那么推理本身与事物自身之间究竟是什么关系的问题不是最重要的,关键是在推理之外,还要用其他方法去验证推理结果之真伪.在推理过程中,我们一旦确认了磁铁的指向性,就要对这一新发现去做应用性研究,并在应用中前进.我们在发现新航道以前,必须在已知的港口之间构筑许多航道.因此,我们的推理能力就在于:在我们完全相信可以推理之前,我们可以用其他方法来确证推理要素的真与假.基于下列原则,可以确认数学是最适合于进行推理的学科:

(1)任何术语都被清楚地解释,且仅有唯一的含义.很少用两个词来定义同一个概念.

(2)原始公理来自大量的观察,并且都是十分明确的.

(3)证明过程都严格地合乎逻辑而毫不含糊,不受任何权威意见的约束或限制.

(4)推理结果的真伪总能用其他方法进行验证.例如,几何学中可用实际测量的办法去验证,代数计算的结果可用算术计算去验证等.

(5)数学中不存在那种意义含混的词,种种表示程度差别的或言辞过甚的形容词、副词都不予使用.

——A. 德·摩根(A. De Morgan)

4.19 教育孩子的目标应该是逐步地组合他们的知和行(knowing and doing).在各种学科中,数学是最能实现这一目标的学科.

——I.康德(I.Kant)

4.20 学习数学是为了探索宇宙的奥秘.星球与地层、热与电、变易与存在的规律,无不涉及数学真理.如果说语言反映和揭示了造物主的心声,那么数学就反映和揭示了造物主的智慧,并且反复地重复着事物如何变易为存在的故事.数学集中并引导着我们的精力、自尊和愿望去认识真理,并由此而生活在上帝的大家庭中.正如文学诱导人们的情感与理解一样,数学则启发人们的想象与推理.

——W.E.羌塞劳尔(W.E.Chancellor)

4.21 如果完全离开数学知识,那么即使世界上最简单的现象也是无法了解的.对自然界奥秘的深入探索,使得数学充分地发展.

——J.W.A.扬(J.W.A.Young)

4.22 对于自然界的万事万物而言,如果离开了数学的帮助,那么再敏感的也不能被发现,再简明的也不能被证明,再灵巧的也不能被使用.

——F.培根(F.Bacon)

4.23 数学知识对于我们来说,其价值不仅是一种有力的工具,同时还在于数学自身的完美.在数学内部或外部的展开中,我们看到了最纯粹的逻辑思维活动,以及最高级的智力活动的美学体现.

——A.普林希姆(A.Pringsheim)

4.24 数学是根据那些与数学相关的关系的奇妙的性质,根据那些简明而又确定的术语,以及那些在一连串定理中所表现出来的、令人羡慕而又严格的逻辑推理去演绎展开的.这些优点极为突出,并且值得人们分别去详细地阐述.

——D.斯泰沃尔特(D. Stewart)

4.25 根据数学中的形式与内容的交互作用,学生们逐步地熟悉了数学方法.他们能通过自己的努力,在一定限度内扩充自己的知识,而且日益加强了与这些活动相关的理智活动的自觉性与自信心.所有这些都是数学训练所导致的最美丽与最杰出的结果.

——A.普林希姆(A. Pringsheim)

4.26 数学使思维产生活力,并使思维不受偏见、轻信与迷信的影响与干扰.

——J.阿尔布斯纳特(J. Arbuthnot)

4.27 那些能够克服困难而掌握数学知识的人感到学习数学是一种乐趣,有时甚至着了迷.数学离宇宙的真实虽然还有相当大的距离,但在数学领域中却包含着大量的、具有强烈的知识兴趣感的元素,求解数学问题时的奇妙手段能使充满智慧的头脑欢欣鼓舞.无数的科学结构使人们在惊奇中忘乎所以.

——A.贝因(A. Bain)

4.28 人们通过比较一些概念,并在概念之间辨别一些关系的相似性与差异性而进行推理.在人们清楚地理解特殊性的基础上,又通过思维去把握普遍性的真理.任何一个小孩都能很好地按如下的观念层次去考虑问题:2颗石子与3颗石子加起来是多少颗石子?而2支铅笔与3支铅笔加起来又是多少支?2个球与3个球加起来是几个?2个小孩与3个小孩在一起是几个小孩?2英寸与3英寸加起来是多少英寸?2英尺与3英尺加起来又是多少英尺?2与3之和是多少?经过这一连串问题的思考之后,孩子们会茅塞顿开地惊呼:"为什么总是如此呢?"于是,一种乐趣便油然而生.这种乐趣乃来自思维活动由特殊到一般的抽象过程.这是一种由于感到自己能够获得成功而产生的、由生命的火花所给予的纯真的快乐.上述这一发现是很伟大的,对思想所产生的持续影响也是确定无疑的.如所知,伟大的牛顿也正是凭借着这样的抽象思维方法而发现万有引力定律的.孩子们通过这种发现的乐趣和激励,产生并培植了酷爱学习的感情和强烈的求知欲望.良好的算术教学将为这种种发现提供一系列的机会.

——G.迈尔斯(G. Myers)

4.29 每一门科学都有制怒和消除易怒情绪的功效,其中尤以数学的制怒功效最为显著.

——鲁什博士(Dr. Rush)

4.30 数学是宗教的朋友,因为数学能唤起热情而抑制急躁,净化灵魂而杜绝偏见与错误.恶习乃是错误、混乱和虚伪的根源,所有的真理都与此抗衡.而数学真理更有益于青年人摒弃恶习,因为数学的喜悦能使人忘却一切,而且一个人如果要想超脱凡俗而与世隔绝,那么通过研究数学而去实现这一目的,显然是一条易获成效而又理想的途径.

——J.阿尔布斯纳特(J. Arbuthnot)

五　数学的教学

5.1　在数学中，有两点值得注意.第一，数学能激发人们的创造力，发展和锻炼人们的逻辑推理能力与判断能力，而且还能使人养成简明表达的习惯；第二，由于纯数学本身各个分支之间的联系，以及它与各门应用学科之间的种种联系，足以使学生们能在数学的学习中清楚地认识和了解原理与事物之间的关系.

——佚名

5.2　中学数学教学之目的在于通过系统地学习几何与代数的知识，培养学生们的推理能力，以及运用代数工具解决实际问题的能力，并且激发他们对数学科学的兴趣.

——佚名

5.3　中学数学课程并不是针对任何专门技术训练而开设的，它是公共文化的一部分.通过数学的学习能培养学生的空间直觉能力与逻辑思维能力，能锻炼学生运用清晰的语言正确地表达思想的能力，因而数学教学具有伦理学与美学的效应.对于理解人类文化的发展和进一步的文明建设而言，作为普通教育中的数学教学是必不可少的一部分.

——佚名

5.4 数学教学之根本目的应当是培养和提高学生们处理实际问题的能力，为学生们提供应用于其他学科的推理方法，而并不是单纯地为了给学生们提供某种求解具体问题的工具.

——P. 马格纳斯(P. Magnus)

5.5 不论人们未来的职业选择如何，促进智力的一般发展总是数学教学的基本目的.

——F. 雷特(F. Reidt)

5.6 古代人毕生致力于算术的研究，而且往往为了开方或求乘积而费时数日. 所以让学生较直接地进入乘法的学习，并在较高的起点上去学习抽象推理等做法是有益的. 相反地，让学生古板地学习欧几里得(Euclid)之前四卷的许多命题，并用信仰或经验去假设这些命题的真实性，再让学生用简单的代数方法去学习欧几里得的第五卷书……总而言之，让学生使用那些早被现代习惯所舍弃的方法去开始他们的严格学习是有害的……当前对于数学教师的智力训练方法欠妥，这往往使他们过于谨小慎微，而且常为一些琐碎之处而迟疑不决. 这些琐碎之处大多数是欧几里得的第六卷书中的那些关于不可通约的命题、如何在几何中使用算术、力的平行四边形，以及十进制，等等.

——J. 培里(J. Perry)

5.7 初等数学的教学应为高等数学的教学铺平道路，每一个教师都不应让学生满足于现状，而应时刻牢记渴求随之而来的未知，并应把求知中可能发生的困难告诉学生. 我认为当前算术教学中的缺点在于不去追求普遍原则，而让种种具体规则取而代之，并且不在少数公理的基础上去做深刻而精细的思考.

——W. H. H. 霍德逊(W. H. H. Hudson)

5.8　数学是计算的艺术，正如建筑是砌砖、绘画是调色、地质是碎石以及解剖是宰割的艺术等一样.

——C. J. 开塞尔(C. J. Keyser)

5.9　数学教学——从普通计算到高等数学——不仅必须和自然知识相结合，同时还要与学生思维中的经验事实相联系.

——J. F. 赫巴特(J. F. Herbart)

5.10　任何方法论的教科书都不能完全适应学生们的理解力、想象力、逻辑思维与抽象思维能力的发展. 在这里，教学艺术显得非常重要. 教师必须及早地提醒学生注意，数学对象与客观实体相差甚远. 数学对象是数量空间的真实，它与现实的物理空间是根本不同的. 学生们也会逐步地意识到，那种超越可感知的实际星球宇宙体的空间是不可能通过感观去认识的. 对此，我们既不知道它的本性，也缺乏对它的判断基础. 另一方面，数量空间也是受条件支配的，这些条件往往构成一个公理系统，我们能从无穷的范围去规定它的性质. 例如，对于一个学生来说，最终能够接受并进入欧几里得几何公理系统的真理性境界，往往要经过多年的磨炼.

——G. 霍尔兹缪勒(G. Holzmüller)

5.11　一个教学效果良好的数学教师，如果改行执教于其他课程(诸如物理学、化学、生物学和心理学等)，其教学效果通常也不会蹩脚,除非他完全不能进行实验演示.然而反过来,任何一个实验师,如果没有扎实的基础理论知识,如果缺乏推理能力,则必然会经常出错.

——A.贝因(A. Bain)

5.12 用以直观地阐明原理内容的图形,应当力求简洁和单纯,且应尽可能地消除附加的东西,以使学生的思维清晰而不被扰乱,同时还要提醒学生注意那些被描绘的细节的特征.

——佚名

5.13 几何推理与算术运算各有不同的功能和特点.如果在基础教学中对两者不加区分而混杂不清,那么对于正确掌握几何推理与算术运算而言是有害的.

——A.德・摩根(A. De Morgan)

5.14 方程式是算术运算的表达式,但在几何学中,除了一些几何量(如线、面、体及比例)彼此相等的情形外,方程式是没有什么其他地位的.乘、除之类的运算被引入几何学之中是不够慎重的,因为这是违背科学原始设计之原则的……算术学与几何学这两种学科不应被混淆.古代学者对此确有严格区别,他们从不将算术术语引入几何学中去.而当前对于二者的混淆,致使几何学失去了它的简洁美,而几何学的简洁美却又正是几何学之所以完美的核心所在……

——I.牛顿(I. Newton)

5.15 如果代数与几何各自沿着自己的路线去发展,那么它们的发展将是十分缓慢的,而且应用范围也比较有限. 然而,如果代数与几何这两门学科能交融地发展,就能够彼此吸收新的活力而迅速发展,直至进入完美的境地.

——拉格朗日(Lagrange)

5.16 有人主张依靠直观去进行数学教学,我却认为再没有比这种数学教学方法更为荒谬和更为有害的了. 每一位数学教师都应当不遗余力地教会学生去思考而不依赖于直观感觉.

——S. T. 柯勒里吉(S. T. Coleridge)

5.17 不下苦功是不能获得数学知识的,而下苦功却是每个人自己的事,数学教学方法的逻辑严格性并不能在较大程度上去增强一个人的努力程度.

——A. 普林希姆(A. Pringsheim)

5.18 视证明的严格性为简洁性之敌人的观点是错误的. 相反地,大量的事例使我们确信严格的方法同时也是简洁而易于理解的方法. 正是为了力求严格,我们才必须去寻找简洁的证明方法.

——D. 希尔伯特(D. Hilbert)

5.19 应该记住,准备讲演的原则是在讲演稿准备完毕之后,必须让自己的思想离开讲演主题而彻底休息,这样做能使您的思想去酝酿和进入新的组合状态. 相反地,如果您的思想总是围绕着讲演主题而一直处于积极状态,那么当您去讲演的时候,您的思想就会陷入混乱.

——A. 德·摩根(A. De Morgan)

六　数学的学习与研究

6.1　阅读代数文章，首先应该注意并充分了解其中所表述的各个不同过程，以及这些过程之间的相互联系，而且必须在阅读时高度集中注意力. 对于数学的学习，要想在学生完全掌握某个数学过程之前，就把与该数学过程有关的一切内容都装进学生的头脑之中是不可能的. 例如，加法、乘法以及开方等运算的数学过程都有极其丰富的内容，但当学生学习这些运算的时候，许多有关的详细结果或内容都被删去了. 另外，学习数学的人都必须用自己的笔去做数学练习，任何一个学习数学的人都不可能完全脱离自己的手去掌握数学认识.

——A. 德・摩根(A. De Morgan)

6.2　学习数学不应忽视数字计算，特别不应放弃那些利用对数表进行计算的练习机会. 须知学生应用数学原理去解决实际问题的能力，正好与他们的计算能力成正比例.

——A. 德・摩根(A. De Morgan)

6.3　阅读数学书籍，必须持之以恒地集中注意力，只有这样才能认识和了解书中每一句话的意义. 尤其是在阅读一本优秀的数学著作时，就更应该如此……另外，养成仔细研读课文的习惯十分重要. 须知仔细推敲语句的习惯，无论对于学习生活，还是实际生活来说，都是非常有价值的. 尤其是在学习较为高深的数学知识时，这样一种习惯就更必不可少. 在学习那些难以插入实例加以说明的课文时，学生们更应逐字逐句地研读并掌握其中的每个复杂论据.

——I. 托德夯脱(I. Todhunter)

6.4　对于每一本值得阅读的数学书，必须"前后往返"地去阅读(拉格朗日语). 现在我对这句话稍作修饰并阐明如下："继续不断地往下读，但又不时地返回到已读过的那些内容中去，以便增强你的信心."另外，当你在研读之中，一旦陷入难懂而又枯燥的内容之中时，不妨暂且越过并继续往前阅读，等到你在下文中发现被越过部分的重要性和必要性时，再回过头去研读它.

——G. 克里斯托(G. Chrystal)

6.5　发现谬误并纠正谬误，对于那些不是初学数学的人来说是一种极好的检测手段，它可以检验你是否已经正确而深入地了解了数学的真谛，还可以锻炼你的智力，并将你的判断和推理严格地约束在一种顺序之中.

——J. 维奥拉(J. Viola)

6.6　能否成功而简洁地求解数学问题，在很大程度上取决于求解方法的选择. 例如，对于圆锥截面的某些性质而言，选用纯粹几何方法就能十分简洁地予以证明，而若选用三维坐标方法处理，则就势必要做大量的运算才能解决问题. 然而对于圆锥截面的另外一些性质而言，却正好相反，即当采用三维坐标方法时，这些性质几乎是不证自明的，但此时若采用古老的几何方法，这些性质甚至是无法证明的.

——W. A. 维特沃尔斯(W. A. Whitworth)

6.7 深入地探索和研究自然界,乃是数学发展的最为丰富的源泉,也是数学发现的最有成效的一种方法. 由于目标明确,许多含糊不清的问题和种种无益的计算也就不会出现. 不仅如此,对于自然界的研究和探索,数学还是自我分析以及在自然科学中去发现那些我们所极为关注的事物的重要手段.

——J. 傅里叶(J. Fourier)

6.8 任何物理现象都必须严格地服从数学条件的制约. 数学条件本身固然是毋庸置疑的,然而问题还在于所使用的数据是否准确,因为绝大多数现象都是非常复杂的,在未经实验证实之前,很难确认已经考虑了全部因素,因而实验手段不失为验证数学结论的一种方法.

——A. E. 朵贝尔(A. E. Dolbear)

6.9 学生应该及早地像数学大师那样去追求和进行大量的创造性思考活动,而不要让学校里那种无休止的练习把自己的头脑弄得僵化和贫乏. 实际上,沉溺在许多无益的练习之中,正好是一种在无意义劳动掩盖之下的懒惰,这样做除了使人消磨意志之外别无其他作用. 在伟大的前辈面前去努力创造会使人坚强,这对于生长在我们这个时代并注定要为之而奋斗的科学家们而言,就更为重要.

——贝尔特拉米(Beltrami)

6.10 数学史的学习是非常有益的,它不仅能告诉我们已经有了什么,而且能教给我们如何去增添什么. A. 德 · 摩根(A. De Morgan)说:“人类的早期思维史就已涉及数学,思维史教给我们如何去发现错误,而其中尤其要注意数学史.”数学史警告我们不要草率地做任何结论,而且告诉我们,每一个从事数学研究的人都不可太专门，因为看上去相差甚远的各个数学分支之间往往包含着意想不到的联系.数学史的学习还能使学生们不去为那些解决已久的数学问题而浪费时间和消耗精力，不在攻克数学问题中去重蹈数学前辈由于使用错误方法而导致失败的覆辙.数学史的学习还能告诫我们，一个阵地往往不是靠直攻的办法所能夺取的，特别是当正面攻击难以制胜之时，就要先行侦察并逐个占领主攻阵地周围的据点，而后寻找隐蔽小道去攻占那个难以攻克的阵地.

——F. 卡约里(F. Cajori)

6.11　数学史在人类文明史中具有极为重要的地位，因为人类进步与科学发展紧密相连，而对于数学与物理的研究成果正是理性进步的可靠记录.

——F. 卡约里(F. Cajori)

6.12　虽说认为在初等数学中已不可能再留下什么未被发现或可供改进之处的看法属于过于粗糙，然而依然可以断言，数学这块土地已被发掘得如此长久和仔细，所以任何不费气力的偶然发现都是不存在的.

——I. 托德夯脱(I. Todhunter)

6.13　我们现在既不是生活在发明无穷小演算的时代，知识可以沿着轨道平稳地向前发展而不受阻碍，也不是生活在发展射影几何的时代，研究者们可以朝着这块处女地蜂拥而来.我们现在是沿着熟悉已久的道路前进，再没有什么可以沿途东张西望.只有那些用最锐利的武器装备起来的探索者，才可能继续深入数学领域中的原始森林里去而有所发现.

——H. 伯克哈特(H. Burkhardt)

6.14 现代数学家们再不能停留在发现孤立定理的水平上去发展数学了,他们必须接受新思想的洗礼,就像陨星从那未被发现而尚在猜测之中的行星轨道上脱轨而出一样.

——J. J. 西尔维斯特(J. J. Sylvester)

6.15 孤立定理常被误誉为“漂亮的定理”,门外汉也许认为这正是科学最有魅力的地方,但在现代数学家看来,其价值并不很大. 须知这与植物学家新发现一类漂亮的花卉是两回事.

——H. 汉克尔(H. Hankel)

6.16 科学直觉直接引导与影响数学家们的研究活动,能使数学家们不在无意义的问题上浪费精力. 直觉与审美能力密切相关,这在科学研究中是唯一不能言传而只能意会的一种才能,但这却是每一个有作为的数学家所不可缺少的能力.

——H. 汉克尔(H. Hankel)

6.17 数学家们的每一项工作都需要直觉的帮助,他们应该相信自己的直觉能区别什么是有实际意义的努力,而什么又是无意义的努力. 数学家们还应注意不要使自己变为符号的奴隶. 因此,我认为十分重要的是以成为数学家为奋斗目标的人,不应到知识面狭窄的学校里去求学和接受训练,特别是在最初几年的数学研究活动中,知识面的广泛对于今后的全部工作将会产生极为深刻而有益的影响.

——J. W. L. 格雷希尔(J. W. L. Glaisher)

6.18 任何一门学科,只要它能提供丰富的问题,它就是有生命力的；相反地，如果问题贫乏，那么就预示着这一学科的独立发展已经趋向消亡和终止.

——D. 希尔伯特(D. Hilbert)

6.19　在数学领域中，也和其他科学领域一样，人们在创造性活动过程中，如果发现自己已经徘徊和迷惘于某些表述形式中时，那么往往意味着他业已步入新发现的路途中了.

——P. G. L. 狄利克雷(P. G. L. Dirichlet)

6.20　没有明确的问题或目标而去寻求方法，必然是徒劳无益的.

——D. 希尔伯特(D. Hilbert)

6.21　为了激励人们向前迈进，应使所给的数学问题具有一定的难度，但也不可难到高不可攀，因为望而生畏的难题必将挫伤人们继续前进的积极性. 总之，适当难度的数学问题，应该成为人们揭示真理奥秘之征途中的路标，同时又是人们在问题获解后的喜悦感中的珍贵纪念品.

——D. 希尔伯特(D. Hilbert)

6.22　随着数学知识的不断丰富和发展，要求一个科学研究者掌握他所处时代的全部数学知识终将成为不可能. 我想指出，在数学领域中，大家都有一个十分深刻的共同认识，即在数学领域中的每一个具有实质性的发展，都源于锐利工具和简明方法的发现. 这些工具和方法既有助于总结、理解以往的理论，同时又能把那些庞杂无关的内容清理出去并搁置一边. 对于一个科研工作者来说，锐利工具与简明方法被发现的时刻，也正是他在相关的数学分支中找到比任何别的学科中更为简洁的途径的时候.

——D. 希尔伯特(D. Hilbert)

6.23 科学愈向前发展,也就愈能直接地认识和了解以前的结果.这些结果在过去却要通过许多冗长的中间环节的研究,才能被认识与表述清楚.一个数学论题,凡在没有最终实现而停留在任何中间研究环节时,都不能被认为是最后完成了的.

——P. 戈登(P. Gordan)

6.24 古代一位法国几何学家常常说:要使一种数学理论变得清晰,以至你能向你在大街上所遇到的第一个人解释清楚,否则这一数学理论就不能被认为是完善的.

——H. J. S. 史密斯(H. J. S. Smith)

6.25 研究者的目的就是去发现和表达各种基本现象之间相互制约、相互联系的方程式. ——E. 马赫(E. Mach)

6.26 最终解决问题的决定因素依然是人而不仅仅是方法.

——H. 马希克(H. Maschke)

6.27 最理论化的也是最实用的,此言并非悖论.

——A. N. 怀特海(A. N. Whitehead)

6.28 伟大的数学家,诸如阿基米德、牛顿和高斯等,都把理论和应用视为同等重要而紧密相关.

——F. 克莱因(F. Klein)

七　现代数学

7.1　当今的时代，乃是数学的黄金时代.

——J. 皮尔朋特(J. Pierpont)

7.2　数学是最古老的科学之一，但又是最有积极意义的科学之一，因为数学这门科学永远充满着青春活力.

——A. R. 福尔西斯(A. R. Forsyth)

7.3　19 世纪当以蒸汽机的发明和进化论的创立而引以为荣，然而更为令人瞩目的是 19 世纪纯数学的蓬勃发展为这个时代赢得了更为崇高的荣誉.

——B. 罗素(B. Russell)

7.4　现代数学最主要的成就之一是真正揭示了数学的整体面貌及其实质所在.

——B. 罗素(B. Russell)

7.5　现代数学是一种令人震惊的智力创造，它把思维中的“慧眼”和“巧手”通过无限的时间投射到无限的空间中去了.

——N. M. 巴特勒(N. M. Butler)

7.6　如果我们把一个待处理的数学问题比作一块待探

索其内部结构的石块,那么希腊数学家都是使用原始工具的石匠,他们坚韧不拔地用锤子和凿子从石块的外部一点一点地把石块凿开. 而现代数学家则完全不同了. 现代数学家都是手握现代化工具的矿工,他们首先在石块上开出几条缝道,然后往里面塞火药,随着一阵爆炸而揭示了石块内部所深藏着的宝藏.

——H. 汉克尔(H. Hankel)

7.7 毫无疑问,19 世纪数学的特征之一就是关于复变量的普遍使用. 许多伟大的数学理论都由此而获得不可估量的帮助,甚至对复变量的使用情况直接决定着这种数学理论得以存在的价值.

——J. 皮尔朋特(J. Pierpont)

7.8 过去关于数学无穷小与无穷大的许多纠缠不清的困难问题在今天逐一解决,可能是我们这个时代必须夸耀的伟大成就之一.

——B. 罗素(B. Russell)

7.9 一一对应的概念在现代数学中扮演着重要的角色,这一概念在那些与数量科学有别的序科学中是一个基本概念. 如果说支配古老数学的是度量的需要,那么支配现代数学的则是次序和排列的概念. 思想的倾向或推理的方向似乎是与物理学中的现代发现携手并进的. 自然界的变化似乎并不完全甚至并不主要地取决于质和能的数量,而更重要的是取决于它们的分布和排列.

——J. T. 梅尔兹(J. T. Merz)

7.10 在两个集合之间建立一一对应关系,并进一步研究由这些关系所引出的命题,可能是现代数学的中心思想.

——W. K. 克里福德(W. K. Clifford)

7.11　在19世纪,置换与置换群、变换与变换群、运算与运算群、不变式与微分不变式,以及微分参量等愈来愈明显地成为最重要的数学概念.

——S. 李(S. Lie)

7.12　数学科学已在如此广博的范围内蓬勃地发展着,以致任何数学家都不能夸口说他能掌握全部数学.

——A. N. 怀特海(A. N. Whitehead)

八　数学家

8.1　真正的数学家都是非常热情的,没有热情就不会有数学的创造.

——诺瓦利斯(Novalis)

8.2　这是千真万确的:一个数学家,如果他不在某种程度上成为一个诗人,那么他就永远不可能成为一个完美的数学家.

——魏尔斯特拉斯(Weierstrass)

8.3　一个数学家,只有当他渐趋完美并能领悟到真理之美的光辉的时候,当他的工作逐步达到精确而明朗、纯粹而易于理解、优雅而具有吸引力的时候,他才能算得上一个完美的数学家.所说的这些,对于任何一个想要成为像拉格朗日那样出色的数学家的人来说,都是必须具备的素质.

——歌德(Goethe)

8.4　数学方法乃是数学的规律与本质.只有完全地掌握了数学方法的人,才能成为真正的数学家.

——诺瓦利斯(Novalis)

8.5　一个不懂得计算的人,有可能成为一个一流的数学家,而一个没有数学观念的人,却至多只能成为一个计算家.

——诺瓦利斯(Novalis)

8.6　当然,某些纯数学家会有某些特殊的缺点,但这不是数学的过错.因为这种情况对于其他专业的学者或其他领域中的行家似乎都是如此.例如,纯语言学家、纯法律学家、纯士兵或纯商人等,也都会具有这样或那样特殊的缺点.但应进一步指出的是:伴随着某种专业而产生某种缺点的同时,也可能同时摒弃了其他方面的缺点.

——高斯(Gauss)

8.7　一个比较成熟的数学家往往不善于辞令.

——I.巴罗(I. Barrow)

8.8　只有在数学领域中会出现一个人在青少年时期就表现出惊人的创造力的情况.当然,从某种程度上来说,诗歌领域中也有类似的情况.纵然如此,还应指出:能在青少年时期就在数学领域中表现出惊人创造力的例子也并不多见,而且在历史上还有不少卓越的数学家在青少年时代并不引人注目.

——H.爱里斯(H. Ellis)

8.9　置身于数学领域中去不断地探索和追求,能把人类的思维活动升华到纯净而和谐的境界,这就是历史上那么多数学大师都得以长寿的根本原因.如所知,莱布尼茨活到70岁,欧拉终年76岁,拉格朗日77岁逝世,拉普拉斯78岁逝世,高斯也是78岁才离开人世,而柏拉图则更是以82岁高龄离世(柏拉图是圆锥截面的发现者,并视研究数学为一种乐趣.他称数学为哲学的扶手和拯救灵魂的良药,他还自称没有哪一天他不再发现某些新的定理),又如伟大的牛顿终年85岁,而阿基米德在75岁时被一位无知而粗鲁的军官刺死[①],否则也可能活到100岁.毕达哥拉斯曾活到99岁.由此可见,数学家都很长寿,而且老而不衰.他们的灵魂的翅膀不会过早地脱落,他们的毛孔也不会被粗俗的生命之途上的尘土所堵塞.

——J. J. 西尔维斯特(J. J. Sylvester)

8.10 去思考一切可思考的——这就是数学家的目的.

——C. J. 开塞尔(C. J. Keyser)

8.11 对于一个普通的技工来说,人们会对他的手艺做好与坏或有无用处等方面的评论,然而诸如此类的实际考虑,是永远进入不了数学家的领地的.

——阿里斯铁波斯(Aristippus)

① M. 克莱因在其所著《古今数学思想》一书第5章§3中指出:"公元前212年,罗马人攻入叙拉古,当阿基米德在沙地上画数学图形时,一个刚攻进城的罗马士兵向他喝问.据传说,阿基米德是那样出神地在研究他的数学,以致没有听到罗马士兵的喝问.于是那个士兵就杀死了他,尽管罗马主将马塞拉斯(Marcellus)曾下令不许杀害阿基米德.当时阿基米德75岁,仍是精力充沛之时.为示'补偿',罗马人给他造了一个费工很多的陵墓,墓碑上铭刻了阿基米德的一个著名定理."——译者注

九　名人轶事

9.1　据说亚历山大大帝曾请数学家梅内赫莫斯(Menaechmus)用简洁的办法教会他几何学,但梅内赫莫斯却回答说:“啊!皇上!尽管皇家之道及百姓之道遍布全国,但在几何学中却没有一条能供所有的人走的路.”

——佚名

9.2　据说阿基米德曾请求他的朋友和亲戚在他死后做一个球放在他的坟墓上,并且在球内要安上一个内接圆柱体,再在球上刻上球体积与其内接圆柱体体积之比.

——普卢塔克(Plutarch)

9.3　阿基米德把数学的天才与物理的洞察力结合起来,他应与出生比他晚将近两千年的牛顿齐名,牛顿当然是数学物理的奠基者之一……而当阿基米德发现了著名的流体静力学原理时,立即跑到大街上去高呼:“尤里卡!尤里卡!”[①]事实上,这一天应定为数学物理的诞生日.

——A. N. 怀特海(A. N. Whitehead)

9.4　培根(Bacon)对于数学的重要作用是一无所知的,他甚至反对在天文学中应用数学.刘易斯(Lewes)和亚当斯

---

① Eureka是拉丁语,意指知道了,此处音译为尤里卡.——译者注

(Adams)曾用大量的代数运算计算出未知行星的存在,并最终观测到了这些行星,这是对培根的错误观点的最有力的抨击……也说明数学是解决现实问题的强有力的工具.正当培根把他的大智运用于哲学领域而可能看到数学的重要作用时,却仍然由于他在这方面的一无所知而竟把科学抛到了一边.如果牛顿拜培根为师,那么牛顿将不成为牛顿,而别人将成为牛顿了.

——A.德·摩根(A. De Morgan)

9.5 沃夫根·波里亚(Wolfgang Bolyai)是一个非常谦逊的人.他曾留下遗言,在他的坟墓上不要树立任何纪念碑,仅种一棵苹果树,以此来纪念三个苹果:其中两个苹果代表夏娃(Eve)和巴利斯(Paris),这两个苹果使地狱离开了地球;另一个苹果代表牛顿,这一个苹果使地球升迁到了天体的大家庭中.

——F.卡约里(F. Cajori)

9.6 A.德·摩根给一位保险费计算员讲解关于一定比例的人在一定时间内不死的概率时,写了一个保险费计算公式,公式中有一个 π,并指出这个 π 就是圆周与直径之比.这位保险费计算员本来是以浓厚的兴趣听他讲解的,但听到这里却立即打断他的讲解,并说道:"亲爱的朋友,这一定是一个骗局,圆周与直径之比和给定时间内还活着的人的个数能有什么关系?"

——W. W. R.巴尔(W. W. R. Ball)

9.7 几天以后,我又去访问他[①],并且非常严肃地对他

① 即上述9.6条中所涉及的那位保险费计算员.——译者注

说:“我已在一张他认为很高级的图表中发现了人的死亡率的规律.现在把这张表作为生命的期望值表,选定一个年龄,在表中查其期望值,把最接近期望值的整数作为一个新的年龄,然后再重复上述过程.您可以从一个您所喜欢的任意年龄开始,一直查到期望值相等或几乎相等为止.”我的朋友说:“这种情况会发生吗?”我回答说:“试试看.”于是他试验了一遍又一遍,他发现确实如此.因此他说:“果然如您所说的,真奇怪,这是一个发现!”他还认为我可能已经给他解决了生命规律之谜,然而我却得意地告诉他:“利用任何一张第一列数据是上升的,而第二列数据是下降的图表,同样的情况都会发生的……”

——A.德·摩根(A. De Morgan)

9.8　有一个人向欧几里得学习几何学,当他学完第一个命题后,便问欧几里得:“我学习这些东西,将能得到什么?”于是欧几里得就把他的奴隶叫来,并吩咐说:“给他 3 便士,因为他要从所学的几何学中赚钱.”

——斯托波斯(Stobeus)

9.9　没有任何希腊人能像欧几里得那样博览群书和译著累累.

——A.德·摩根(A. De Morgan)

9.10　欧几里得的 13 本书是一个奇迹,这甚至比牛顿定律还要伟大.

——A.德·摩根(A. De Morgan)

9.11　伟大的数学家欧拉的不可估量的功绩,在于他使分析演算从几何桎梏之下完全解放出来,并将分析学变成一门独立的科学.这门科学从他那个时代起,一直在数学领域中保持着领导的地位.

——H.汉克尔(H. Hankel)

9.12 我们可以十分肯定地说,数学思维的现代形式是由欧拉创造的.在欧拉以前,学习任何数学著作的最大困难,是那时的数学公式自身不能阐明自身.欧拉是第一个教会人们这种艺术的人.

——F.鲁的奥(F. Rudio)

9.13 欧拉的全部著作有16000页之多.

——F.卡约里(F. Cajori)

9.14 欧拉进行复杂的演算不费吹灰之力,就像常人进行呼吸,或如雄鹰翱翔于天空那样轻松自如.

——阿拉哥(Arago)

9.15 对于1735年的一个天文学问题,如果运用当时现成的方法,则由几位卓越的数学家去共同解决,也至少要费时数月.但欧拉运用他所改进的方法,仅用3天时间就解决了问题……后来高斯运用更为优越的方法,仅用3小时便解决了问题.

——F.卡约里(F. Cajori)

9.16 对我来说,天文和数学是两个磁极,我的思维罗盘的指针永远指向它们.

——高斯(Gauss)

9.17 高斯曾经说:“数学是科学的皇后,而数论又是数学的皇后.”

——M.康托尔(M. Cantor)

9.18 亥姆霍兹(Helmholtz)是一位生理学家.但他为研究生理学而去学物理,却又为学物理而去学数学,现在他在这三门学科中都是一流的学者.

——W.K.克里福德(W.K. Clifford)

9.19 雅可比(Jacobi)在青年时代就显示出他在语言学方面的天赋.据说雅可比曾受到柏林语言学讨论会主持者贝克(Böckh)的特别注意,并且最终建立了友谊.但雅可比在大学二年级结束时,经历了激烈的思想斗争之后,终于决定终身从事数学的学习与研究.

——J.J.西尔维斯特(J.J. Sylvester)

9.20 拉格朗日、拉普拉斯和高斯都是现代分析的大师,他们都是同时代的学者.然而有趣的是这三位大师的风格迥然不同.拉格朗日在形式和内容两个方面都很完美,他很细心地解释每一个步骤,因此,他的推理易于理解.拉普拉斯则相反,他什么也不解释,完全不在乎形式,只要结果正确就满意了.高斯也像拉格朗日那样严谨和精巧,但高斯的推理和文章比拉格朗日的推理和文章难于学习,因为高斯总是隐去了他达到结果的分析过程与思路,证明过程虽然很严密,但却总是尽可能地简洁.

——W.W.R.巴尔(W.W.R. Ball)

9.21 莱布尼茨认为他在他的二进制算术中看到了造物主.他认为1可以代表上帝,而0则代表虚无,造物主可以从虚无中创造出万事万物.就像在二进制算术中,任何数均可由 0 和 1 构造出来一样.

——拉普拉斯(Laplace)

9.22 当拿破仑休息时,即使是十分短暂的休息,他也总是利用这一点儿时间来阅读数学书.他认为在数学书的阅读中,常常会受到启发而有新的发现或产生新思想.

——J. S. C. 阿波特(J. S. C. Abbott)

9.23 伟大的哲人牛顿的努力是超人的.他所未能解决的问题是他那个时代所不能解决的问题.

——阿拉哥(Arago)

9.24 牛顿的墓志铭是:

自然和自然规律隐藏在黑夜里;

上帝说:"降生牛顿",

于是世界就充满光明.

——A. 波浦(A. Pope)

9.25 牛顿是盎格鲁·撒克逊天才中的最高代表.

——H. 爱里斯(H. Ellis)

9.26 牛顿一生对于化学与神学的关注,至少和他对于数学的关注程度相同.

——W. W. R. 巴尔(W. W. R. Ball)

9.27 牛顿晚年时常常回忆说:英国政治家克伦威尔(Cromwell)逝世的那一天,飓风席卷了全英国.而 16 岁的牛顿就在那一天做了他有生以来的第一个科学试验.这是一个测试风力大小的试验.他先顺风跳远,再逆风跳远,再把两次跳远的差距与无风时的跳远距离做比较,并以此计算风力的大小，即用这个差值来说明风力是多少.

——J. 帕尔顿(J. Parton)

9.28　虽然牛顿精通代数和微分学，但他却不会当一个普通会计. 当他担任造币厂厂长时，通常都是让别人为他做会计工作的.

——R. J. 斯潘士(R. J. Spence)

9.29　有一次，牛顿邀请了大学里的一些朋友聚餐. 他离开餐桌而去为朋友们取一瓶酒. 但他去地窖的路上陷入了沉思，完全忘记了他的任务和朋友. 于是，他走进卧室，穿上他的白色法衣，然后去教堂了. 有时他衣着不全地跑到街上，后来又想起了什么，再匆忙局促不安地跑回来. 有时他在花园里散步，却突然奔回自己的房间开始写作，但又一直停留在第一页稿纸上. 有时他在沉思中走向餐厅去就餐，但却转了一圈又回到了自己的房间，完全忘掉了就餐这件事. 有一次他牵着一匹马上山，途中马头从马套中滑了出来，他却一点儿不知道，等到他爬上山顶到了售票处时，他想到了要上马，这才发现手中只拖着一个马套而马不见了. 牛顿的秘书记录过房东老太太所述关于牛顿忘食的趣事. 她说，她有时发现牛顿的午餐和晚餐都没有动过. 有时牛顿早晨起床后，不穿衣服坐在床沿上发呆，就此陷入沉思，似乎已有所发现.

——J. 帕尔顿(J. Parton)

9.30　对于整个世界来说，我并不知道自己是什么；但对于我自己来说，我好像是一个在海滨玩耍的小孩，现在和将来都在专心地寻找光滑的卵石或美丽的贝壳，然而展现在我面前的却是未知的大海.

——I. 牛顿(I. Newton)

9.31 若说我比笛卡儿看得更远一些的话,那是因为我站在巨人的肩上.

——I. 牛顿(I. Newton)

9.32 牛顿认为,除了不屈不挠和保持警觉清醒这两点以外,他和别人没有什么区别.当人们问他如何做出他的发现时,他总是回答说:“经常不断地去想它们.”有时他还指出,如果说他有何作为的话,那么只是由于勤奋和耐心地思索.牛顿说:“对于所提出的课题,我不断地提问,然后等待,一点一滴地前进,直到黎明逐渐来临,并在最后达到完全的光明.”

——W. 惠威尔(W. Whewell)

9.33 牛顿不进行任何体育锻炼,也没有什么娱乐活动,只是不停顿地工作,常常在24小时中写作18小时左右.

——W. W. R. 巴尔(W. W. R. Ball)

9.34 西尔维斯特(Sylvester)有一个显著的特点,即他很少去记忆定理或命题.每当他要使用某些定理时,就随时把它们推导出来.在这一点上,西尔维斯特正好与凯莱(Cayley)相反,凯利通晓并记忆数学诸分支中已完成的各个重大成果.

有一次,我告诉西尔维斯特我过去已经完成了的一些研究成果,他说这些命题从来没有听说过,必须逐个证明.我再把他自己过去所证明的一些定理给他看,令人惊奇的是这些证明对他来说,此时已是完全陌生的了.

——W. P. 德尔菲(W. P. Durfee)

9.35　有一天,汤姆逊(Thomson)教授因事不能去上课,因而在教室的门上写了一个告示,告示全文是"汤姆逊教授今天将不来看他的学生们(his classes)了".那些失望而调皮的学生决定给教授开一个玩笑,他们把告示中的 classes 这个单词的第一个字母 c 擦掉,于是告示内容变为"汤姆逊教授今天将不来看他的情人们(his lasses)了."第二天,当学生们来到教室里准备看教授的笑话时,却又吃惊地发现教授的机智还是胜过了他们,因为告示中的 lasses 又被教授擦掉了第一个字母,如此,告示的内容便是:"汤姆逊教授今天将不来看他的傻瓜们(his asses)了".

——C.诺斯卢普(C. Northrup)

十　作为精巧艺术的数学

10.1　数学揭示并阐明了思维世界的奥秘，它以演绎的方式展开了对美和序的深思熟虑，它的各部分之间是如此和谐地互相联系着，并直接关联着真理的无穷层次及其存在的绝对证明，这一切都是数学最令人确信的基础. 数学是完美而无懈可击的，它是宇宙的计划，就像一幅尚未卷起的世界地图展现在人们的眼前，数学是那些创造真谛的人们的思维结晶.

——J. J. 西尔维斯特(J. J. Sylvester)

10.2　数学的目标和意义有三个方面. 首先，数学提供了研究自然界的有力工具；其次，数学的研究有重要的哲学意义；再则，我敢冒昧地说，对数学的探索还有深刻的美学原则. 毫无疑问，数学的发展充分地激励着哲学家们去探索数量、空间和时间的概念. 然而，学者们还发现，数学内容的展示能给人们带来种种喜悦，恰如绘画和音乐能够陶冶人们的情操一样. 人们还不无惊叹地赞美着数与形巧妙与和谐的结合，并为那些不断揭示未来世界的新发现而不胜愉快. 尽管数学不是美学，两者不能等同，但当人们亲身经历并回顾数学研究的历程时，一种不可遏制的愉快油然而生，这难道不是一种美学特性的体现吗？当然，只有少数人能真正进入这种境地并享受到这种喜悦和愉快，而这也正好与只有少数人才能去鉴赏最珍贵的艺术并享受其中的乐趣一样. 因此，我毫不犹豫地认为，任何一个人要想有教养，就要去学习数学，即使是那些在物理学或其他学科中暂无任何应用的数学理论，也是值得学习和探索的.

——H. 庞加莱(H. Poincaré)

10.3　对于每一个人来说，只要他聪明而又勤奋，他就有可能成为律师、医生或药剂师，甚至还可能取得很大的成功.然而仅有聪明和勤奋，却未必能成为一个音乐家、画家或数学家.

——P. J. 莫比乌斯(P. J. Moebius)

10.4　真正的数学家往往就是艺术家、建筑师或诗人.数学家还在现实世界之上创造了一个理性世界，然而他们又力图使之成为最完美的现实世界，还要在各个方向去探索和研究这个世界.任何一个不了解这个理性世界的人，都不可能具有这个理性世界的任何概念.

——A. 普林希姆(A. Pringsheim)

10.5　纯粹的真理是科学的北极星，然而数学比起其他学科来，更容易唤醒孩子们对于真理的热爱.黑格尔(Hegel)说过："一个不通晓古代学者之贡献的人，就是一个没有美感的人."相应地，希尔巴赫(Schellbach)说："一个不了解数学和近代科研成果的人，就是一个至死不晓真理的人."

——M. 赛蒙(M. Simon)

10.6　几何似乎是属于现实的，而诗歌则应纳入幻想的框架.但在理性的王国中，两者又是非常一致的.对于每个年轻人来说，几何与诗歌都是宝贵的遗产.

——F. 密尔奈尔(F. Milner)

10.7 卢斯肯(Ruskin)等人认为科学与诗歌毫无共同之处.其实,那种认为高度发展的想象力对于数学研究是无关紧要的看法实为一大错误.

——F. S. 夫曼(F. S. Hoffman)

10.8 我们没有听说过一个知识面很窄的诗人能写出什么好诗文,也没有听说过一个思想贫乏的代数学家能提出什么漂亮的数学问题.如果一个人既通晓事物的几何基础,同时又熟悉节日的壮观场面,那么他的诗歌就将更准确,而他的算术也就更富有音乐美.

——R. W. 艾麦逊(R. W. Emerson)

10.9 我向你推荐一个人,
他精通音乐和数学.
由他用这些科学来教育女士们,
那么女士们将个个成为世界名人.

——莎士比亚(Shakespeare)

10.10 难道说音乐不就是感觉中的数学,而数学不就是推理中的音乐吗?两者的灵魂是完全一致的!因此,音乐家可以感觉到数学,而数学家也可以想象到音乐.虽说音乐是梦幻,而数学是现实,但当人类智慧升华到完美的境界时,音乐和数学就互相渗透而融为一体了.两者将照耀着未来的莫扎特—狄利克雷或贝多芬—高斯的成长,这在亥姆霍兹的天才和劳动中已经清楚地预示了这种结合.

——J. J. 西尔维斯特(J. J. Sylvester)

10.11 那种认为天才在一个家族中可以通过代代改进的办法遗传下去的看法是绝对不可靠的.当然,巴赫(Bach)

的家庭是一个音乐世家，伯努利(Bernoulli)的家庭是一个数学世家，但这些无助于说明天才是逐代改进相传的看法是正确的，否则应该一代一代愈往后天才愈高，然而事实却并非如此. 而且天才往往出现在某一代的某些成员中，而某一代人的全体成员并不都是同等水平的天才.

此外，高斯并不是数学家的儿子. 亨德尔(Handel)的父亲是个外科医生而并非作曲家，他对音乐一无所知. 提香(Titian)是律师的儿子，但他和他的兄弟弗朗西斯科·维什利奥(Francesco Vecellio)都是画家，他们的下一代有 7 位艺术家，但天才都不如父辈……所以我认为那些在某一特殊方向的高度天赋并不能从先辈的经历中产生，而是由大脑在这一特殊方向的实践所决定的.

——A. 魏斯曼(A. Weismann)

十一　作为语言的数学

11.1　数学语言对任何人来说，不仅是最简单明了的语言，也是最严格的语言.

——H. L. 布洛亨姆(H. L. Brougham)

11.2　数学是定义的科学，对了解这些定义的人来说，它们是必不可少的词汇表.

——W. F. 怀特(W. F. White)

11.3　数学也是一种语言，从它的结构和内容来看，这是一种比任何国家的语言都要完善的语言. 实际上，数学是语言的语言. 通过数学，自然界在论述；通过数学，世界的创造者在表达；通过数学，世界的保护者在讲演.

——C. 第尔曼(C. Dillmann)

11.4　对于了解和通晓逆过程这种概念来说，数学这种符号语言已充分证明是精确的和概括的.

——J. 文(J. Venn)

11.5　一个通晓代数的人，若能在一个方程式中直接看出求解结果，则是由于他下过苦功.

——A. A. 古诺(A. A. Cournot)

11.6　在算术中引入阿拉伯数字概念以前,处理乘法运算是极为困难的,即使处理整数的除法也需要极高的数学技巧.而在引入阿拉伯数字以后,更由于义务教育的普及,因而可以说每一个西欧人都能进行复杂的除法运算.但对古希腊数学家来说,除法简直是不可能实现的.可见今天能够顺利进行小数运算,这不能不说是数学概念的完善所造成的神奇结果.

——A. N. 怀特海(A. N. Whitehead)

11.7　由于数学具有大量的数学符号,往往数学被认为是一门难懂而又神秘的科学.当然,如果我们不了解数学符号的含义,那么就什么都不知道.而且对于一个数学符号,如果我们只是一知半解地使用它,那么无法掌握和运用自如.实际上,对于各行各业的技术术语,同样都要训练有素才能灵活应用.但是,不能认为这些术语或符号的引入,增加了这些理论的难度.相反地,这些术语或符号的引入,往往是为了理论的易于表述和易于解决问题.特别是在数学中,只要细加分析,即可发现符号化给数学理论的表述和论证带来极大的方便,甚至是必不可少的.

——A. N. 怀特海(A. N. Whitehead)

11.8　一个由哈密顿(Hamilton)和格拉斯曼(Grassmann)所设想的、全封闭的几何符号体系的建立,是不可能实现的.

——H. 巴克哈尔德(H. Burkhardt)

11.9　数学分析的语言是所有的数学语言中最完善的语言,而且语言本身就成为新发现的有力工具.特别是那些被构思出来的种种必要概念,往往是许多新算法的起点.

——拉普拉斯(Laplace)

十二　数学与逻辑

12.1　数学与那些涉及精神的和物质的每个问题都有密切关系，即使是那些借以限定逻辑系统的逻辑规则，也往往要借助于数学才能演绎和展开.

——B. 皮尔士(B. Peirce)

12.2　数学概念就其本性而言，是很抽象的. 事实上，数学的抽象程度，往往高于逻辑的抽象程度.

——G. 克里斯托(G. Chrystal)

12.3　数学是科学逻辑的一把巨大的铁钳.

——G. B. 霍尔斯特德(G. B. Halsted)

12.4　形式思维是获取正确知识的工具，而正确地了解逻辑学和数学这些形式科学，则是进行科学教育的恰当而可靠的基础.

——A. 勒费夫尔(A. Lefevre)

12.5　我们可以把几何学视为实践的逻辑. 因为几何学所考虑的是最简单和最易感知的真理，因而也是最易于应用推理规则的真理.

——达朗贝尔(d'Alembert)

12.6　数学家对逻辑的关心，并不比逻辑学家对数学的关心更多．数学与逻辑学是严格科学的两只眼睛，然而数学主义派却无视逻辑这只眼睛，而逻辑主义派又无视数学这只眼睛．他们似乎都认为，依靠自己的一只眼睛，反而比两只眼睛看得更清楚．

——A. 德・摩根（A. De Morgan）

12.7　艺术的进步在很大程度上取决于艺术的特征．为什么人们总是用数和线或由数和线所描述的事物来说明问题呢？这是因为任何概念除了与数和线相对应的这些特征，再无其他更重要的特征了．

——莱布尼茨（Leibnitz）

12.8　布尔（Boole）在他著述《思维规律》一书的过程中发现了纯数学……他的这部著作所涉及的都是形式逻辑的内容，但却与数学全然相同．

——B. 罗素（B. Russell）

12.9　数学不过是符号逻辑的高度发展．

——W. G. D. 维塞姆（W. G. D. Whetham）

12.10　有许多逻辑学家认为，符号逻辑是数学，而对符号逻辑不感兴趣．但是，又有许多数学家却强调符号逻辑是逻辑，而对符号逻辑不予理会．

——A. N. 怀特海（A. N. Whitehead）

12.11　有两部分人激烈地争论着，而且他们的出发点和往后的发展途径也不相同，但在他们的论文中却最终达到了一致的认识：符号逻辑是数学，而数学就是符号逻辑，数学

和符号逻辑是同一事物.[1]

——C. J. 开塞尔(C. J. Keyser)

12.12 我想谈谈我个人的一些鲜为人知的看法,我认为纯数学不过是一般逻辑的一个分支,而且这一分支是建立在数的概念的基础上的.它与那些至今变化不大的其他逻辑分支相比,可说已经经历了巨大的发展,原因在于数学这一分支有特殊的社会经济效益.

——E. 希伦德尔(E. Schröder)

12.13 即使是过分地夸大了数学的作用,也不能由此而否定逻辑教育在哲学中的地位.由于逻辑教育具有简明性、抽象性和普遍性,以及不受任何感情干扰的理智性,而必然成为教育的自然基础.只有在逻辑学中,我们才能看到推理艺术的完善发展.不论是最自然的还是最特异的逻辑学知识,都要比其他学科知识更富有成效和具有更为广泛的应用性.须知数学中较为抽象的部分,就是科学演绎与系统协调性论述的逻辑知识的源泉和宝库.

——A. 孔德(A. Comte)

---

① 罗素(Russell)和怀特海(Whitehead)等都是数学基础诸流派中的逻辑主义派的代表人物.在这里,上述12.8、12.9、12.10、12.11和下述12.12诸条内容各在不同程度上反映了逻辑主义派视数学为逻辑的观点.读者应有分析地吸取其合理的内核,抛弃其不尽合理的东西.——译者注

十三　数学与哲学

13.1　没有哲学，固然难以得知数学的深度；然而没有数学，也同样无法探知哲学的深度．两者互相依存．还应特别指出，若既无哲学又无数学，则不能认识任何事物．

——D. 波尔达斯(D. Bordas)

13.2　一般地说，哲学高于数学，也可以这样说，数学是朴素的哲学．

——诺瓦利斯(Novalis)

13.3　我肯定地认为，当数学家或哲学家用一些糊涂而又莫测的语言进行写作时，那他一定是在胡说八道．

——A. N. 怀特海(A. N. Whitehead)

13.4　如果一个人连正方形对角线与其边不可通约一事都不知道，那么他就失去了做人的价值．

——柏拉图(Plato)

13.5　要想获得真理和知识，唯有两件武器，那就是清晰的直觉和严格的演绎.

——笛卡儿(Descartes)

13.6 如果没有严格的证明,那么不能信服一事物是可能的还是不可能的.数学家曾证明了一系列可能的事和不可能的事.对于其他科学,如果也能像数学那样严格地进行推理和证明,那么必将最终发现许多看上去可能的事原是不可能的.

——T.里德(T.Reid)

13.7 许多数学问题是关于数学真理的普遍性和必然性的问题,也是知识基础的问题.因此数学一方面与日常生活及物理科学相联系,另一方面又与涉及时空观念的哲学密切相关.

——A.凯莱(A.Cayley)

13.8 形而上学的推理过程通常都很短,从一个原理或公理出发,往往通过几步(很少有更多的步骤)推理就获得结论,而且不同的结论互不相关.

然而数学推理则不同,其范围是无限的.一个命题可以引出另一个命题,再引出第三个命题,直至引出无限多个命题.为什么数学推理的范围如此广阔,而其他抽象学科的推理范围却又是如此狭窄呢?这是由数量特性所决定的.因为数量可由无穷多个部分构成,从而数量可涉及无穷多个点,并且能用无数种不同的方法进行比较.

——T.里德(T.Reid)

13.9 希腊人根据自己的生活经验而获得下述结论:首先是可以建立起关于自然界各个部分的科学,而科学又是人们才能的实践结果. 其次是每一门科学都要用数学语言去描述. 这种看法在柏拉图的著作中表现得尤为明显……在今后的自然规律的不断发现中,可能再没有什么结论能比上述结论更具有普遍意义和更为重要的了.

——W. 惠威尔(W. Whewell)

13.10　几何学家为完成那些困难而又冗长的证明过程,必须借助于一连串的推理,但把这一连串推理中的每一个步骤分离出来单独观察时,却又常常显得那么简单易行. 实际上,很可能任何运用思维处理事情的过程,都有类似的情形. 另一方面,如果人们不去探索,而仅仅关心不要把假的当作真的,并且力图保持着从一个真理演绎出另一个真理的顺序,那么就不可能去发现那些深深埋藏着的真理的奥秘.

——笛卡儿(Descartes)

十四　数学与科学

14.1　数学推理几乎可以应用于任何科学领域，不能应用数学推理的学科极少. 通常认为无法运用数学推理的学科，往往是由于该学科的发展还不够充分，人们对于该学科的知识掌握得太少，甚至还在混沌的初级阶段. 任何地方只要运用了数学推理，就像一个愚笨的人利用了一个聪明人的才智一样，数学推理就像在黑暗中的烛光，能照亮你在黑暗中寻找的宝藏.

——阿尔波斯诺特(Arbuhtnot)

14.2　数学分析是整个知识系统的一种合理的基础.

——A. 孔德(A. Comte)

14.3　只有通过数学，我们才能彻底了解科学的精髓. 只有在数学中，我们才能发现科学规律的高度简洁性、严格性和抽象性. 任何科学教育，如果不以数学作为出发点，则其基础势必有所缺陷.

——A. 孔德(A. Comte)

14.4　广义地说，一个数学概念就是科学概念.

——诺瓦利斯(Novalis)

14.5　我坚定地认为，任何一门自然科学，只有当它能应用数学工具进行研究时，才能算是一门发展渐趋完善的真实科学……一般地说，纯粹的自然哲学（仅涉及自然的一般概念的哲学）可以不直接涉及数学工具的运用. 但对那些处理确定性对象的自然科学（如物理学或心理学）来说，则只有在其能够运用数学工具时才能算是真正的科学. 而且一门科学对于数学工具的应用程度，就是这门科学渐变为真实科学的发展程度.

——I. 康德（I. Kant）

14.6　我认为没有哪一门科学的服务功能与协调功能能像数学那样高度完善.

——E. W. 戴维斯（E. W. Davis）

14.7　数学除了有助于敏锐地了解真理和发现真理以外，它还有造型的功能，即它能使人们的思维综合为一种科学系统.

——H. 格拉斯曼（H. Grassmann）

14.8　物理学愈发展就愈数学化，数学是物理学的收敛中心. 我们可以根据一门科学应用数学工具的程度来评定该门科学的完善程度.

——奎特雷特（Quetelet）

14.9　物理学家的研究工作一开始就要不断地依靠数学家，因为即使是在最简单的情况下，如果不做任何数学讨论，则其测量的直接结果就是完全没有意义的. 当物理学家用数学来说明实验结果时，他会发现两个或两个以上的物理量彼此之间存在着一种确定的关系，从现有的这一关系出发，数学家常常可以推断出问题中的一些已知量与一些未知量之间的原先未知的关系.库仑(Coulomb)就是把实验师和数学家的作用互相结合起来而发现了两个带电粒子之间的作用力的规律,并且这一规律在往后的发展中就变成了纯粹的数学问题,从而无须做任何实验,即可确定电荷在带电导体上的分布状况.而且对于这个问题,数学家可以用不同的方法来求解.

——G. C. 福斯特(G. C. Foster)

14.10 工匠的后面是化学家,化学家的后面是物理学家,而物理学家的后面则是数学家.

——W. F. 怀特(W. F. White)

14.11 如果希腊人不研究圆锥截面,那么开普勒(Kepler)就不能取代毕托雷米(Ptolemy);而且正由于希腊人研究了动力学,开普勒才有可能先于牛顿而发现力学定律.

——W. 惠威尔(W. Whewell)

14.12 正是由于伟大的雷吉奥蒙太纳斯(Regiomontanus)在纽伦堡工作室里编纂了《航海历书》才使哥伦布(Columbus)能够发现新大陆.

——F. 鲁的奥(F. Rudio)

14.13 早先有许多人认为关于木星黄道的计算工作是毫无意义的,然而现在却人人皆知这一计算工作对航海中确定经度具有重要意义.

——R. 渥特雷(R. Whately)

14.14 函数概念的分析,不仅为天文学家及物理学家提供了计算距离、时间、速度和各种物理常数的公式,而且还为探索种种运动规律提供了有力工具,教给人们如何依据已有的经验去预测未来的事物,从而能进一步获得自然界的科学知识,从千姿百态的现象中总结出反映本质的基本规律.

——A. 普林希姆(A. Pringsheim)

14.15　自然哲学的某些分支(诸如物理学、天文学和光学等)对于那些未经正规数学训练的人来说,几乎是不可认识的.

——D. 斯特沃尔特(D. Stewart)

14.16　海王星的发现是数学和天文学上的伟大成就.天王星并没有精确地沿着预先计算的轨道运动,而是受某种未知因素的影响而偏离了某个距离,这一事实甚至单凭灵敏的肉眼都能觉察出来……根据这一微小的偏差,还可计算出那些未知行星的位置,并进一步去观察和验证它们的存在.利威列尔(Leverrier)给伽雷(Galle)的信中指出:"把您的望远镜对准宝瓶宫(Aquarius)星座的黄道,在经度 326°处,则可在 1°范围内找到一颗新的行星,并觉察到光环的存在,它就是第九行星."1846 年 9 月 26 日的晚上,天文学家在柏林观察了半小时后,就在偏离利威列尔所指出的精确位置 52′的地方发现了这颗行星的存在.

——C. A. 扬(C. A. Young)

14.17　我确信化学的发展和进步,在很大程度上取决于化学与数学相结合的深度.

——A. 福伦克兰德(A. Frankland)

14.18　如果没有高等数学的知识,要了解物理学或普通化学的最近发展,已是不可能的了.

——J. W. 梅洛尔(J. W. Mellor)

14.19 望远镜作为一种探索空间的工具,能使空间遥远的区域逐步靠近我们.而数学中的归纳和推理,能使我们向着更遥远的天空继续前进,并把天际的某个部分带进我们的认识范围.在望远镜指向某个天体之前,现代天文学就已利用数学计算出了该天体所在的位置、运行轨道和总体质量.

——A. 汉姆波尔特(A. Humboldt)

14.20 没有任何一门学问的学习,能像学习算术那样强有力地涉及经济、政治和艺术.数学的学习,能够激励那些不求上进的年轻人,促使他们提升智慧和增强记忆力,甚至取得超越自身天赋的进步.

——柏拉图(Plato)

14.21 没有测量,就没有计算.

——J. F. 赫巴特(J. F. Herbart)

14.22 在数学中,我们找到了理性的本源.生物学家也必须以数学为工具来进行他们的研究.

——A. 孔德(A. Comte)

14.23 把数学应用于心理学不仅是可能的,而且是必需的.理由是没有任何其他工具能使我们达到思考的最终目标——信服.

——J. F. 赫巴特(J. F. Herbart)

14.24　所有比较确定的知识，都必须从计算开始.这一重要结论不仅对记忆、想象和理解的理论来说如此，而且对感觉、愿望和感情的学说来说也是如此.

——J. F. 赫巴特(J. F. Herbart)

14.25　不久之后，数学将在医学中起重要作用，这方面的因素已在逐步增长.事实上，生理学、图形解剖学、病理学和治疗学等都必须遵循它们特有的数学规律.

——M. 德索伊尔(M. Dessoir)

14.26　只有将数学应用于社会科学的研究之后，才能使得文明社会的发展成为可控制的现实.

——W. F. 怀特(W. F. White)

14.27　概率论与误差论已成为伟大的数学知识与数学实践中不可忽视的一部分.尽管它们是通过天文学、测地学及物理学的发展而发展起来的，但概率论与误差论的应用领域正在日益扩大，并渗透到现代科学和社会生活的每一个角落，从而对未来科学和社会的发展起到极为重要的作用.因而数学的学习不仅是普通教育所必需的，而且对正确理解日常生活也是至关重要的.

——R. S. 乌达尔特(R. S. Woodard)

14.28　历史科学的发展也倾向于数学的应用，因为数学有分类的功能.

——诺瓦利斯(Novalis)

14.29　历史从来就没有被认为是一门单纯的统计科学，而是一门有关生命力与时间序列关系的科学.这种与物理能和机械能的各种形式统一在一起的生命力,一直在不断地倾向于用数学来表述.

——H. 亚当斯(H. Adams)

14.30 数学还与修辞学保持着一定的关系,因为数学有助于修辞规律的研究.

——L. A. 希尔曼(L. A. Sherman)

十五　算术、代数、几何

15.1　数学问题的求解往往与计算直接相关，而许多过去要花费毕生时间才能完成的计算，在现代数学工具的使用下，只要几分钟便可完成.

——E. 马赫(E. Mach)

15.2　任何问题最终都要归结到数的问题，因为任何事物都处于彼此相关的量的决定性中.

——A. 孔德(A. Comte)

15.3　毕达哥拉斯认为数是万物之源，数的规律是打开宇宙秘密的钥匙. 但是数的规律都有内在的次序. 对此初看起来似乎十分神奇，但在熟悉之后，我们就会认识到这些数的规律不仅可以解释自然现象的惊人的一致性，而且都是内在的和必然的.

——P. 卡洛斯(P. Carus)

15.4　古代数学家都说算术与几何是数学的翅膀. 我认为这两门科学是那些处理量的一切科学的基础，而且不仅是基础，甚至还是“顶石”. 因为应用任何结果的时候，都必须把该结果转换成数和线，而要将某种结果转换成数和线，就必须借助于算术和几何.

——拉格朗日(Lagrange)

15.5 一个类的数就是与给定的类相似的所有类的类.

——B. 罗素(B. Russell)

15.6 数具有类的不变性.若类经受变化而不破坏类中各个事物的不同性质,则数的性质是不会变化的.

——H. B. 法因(H. B. Fine)

15.7 算术可称为事物在空间、力和时间中被精确限制的一门科学.

——F. W. 帕克尔(F. W. Parker)

15.8 算术是函数赋值的科学,而代数则是函数变换的科学.

——G. H. 霍维逊(G. H. Howison)

15.9 现代分析的强大生命力,来自三大发现:阿拉伯数字、十进制小数和对数.

——F. 卡约里(F. Cajori)

15.10 一方面,我们可以说,算术教育的目的在于使孩子们具有计算的能力;另一方面,也可以说,通过算术深入地了解变化着的物质对象及其活动,以便更好地掌握客观世界.从某种观点来看,整个世界都可以通过数字测量和估值.在学校里进行算术教育时,就应该教给孩子们用数学的眼光来看待和估值事物.

——C. A. 麦克马雷(C. A. McMurray)

15.11 算术和几何,是天文学家借以翱翔于高空的两只翅膀.

——R. 波耶(R. Boyle)

15.12　算术符号是写出来的图形,而几何图形则是画出来的公式.

——D. 希尔伯特(D. Hilbert)

15.13　为什么聪明人少而愚笨的人多? 原因在于想计数的人多,但数是数不尽的.

——洛维雷斯(Lovelace)

15.14　数的军队犹如人的军队那样,并不总是想象中的那么强大.

——M. 莎奇(M. Sage)

15.15　上帝只创造了整数,其余一切都是人工构造出来的.

——L. 克洛雷克尔(L. Kronecker)

15.16　整数是全部数学的源泉.

——H. 闵可夫斯基(H. Minkowski)

15.17　严格地说,数论并不涉及负数、分数或无理数.因而那些必须涉及分数、负数或无理数等概念才能表述的定理,就不是纯算术的定理.

——G. B. 马休斯(G. B. Mathews)

15.18　数学是科学的皇后,而算术是数学的皇后,而皇后却又常常屈尊地为天文学和其他各门自然科学提供服务.然而在整体关系中,无论如何,皇后总是被排列在首位的.

——高斯(Gauss)

15.19 正如高斯首先指出的那样,割圆术问题或等分圆问题明显地取决于算术.这些问题是数论与超越分析以及与纯几何相关的最早的和最简单的例子.它们初看起来十分神秘而又如此频繁地出现.

——G.B.马休斯(G.B.Mathews)

15.20 代数是慷慨大方的,它所给予的远远超过它所索取的.

——达朗贝尔(d'Alembert)

15.21 如果代数与几何各自分开发展,那么它的进步将十分缓慢,而且应用范围也很有限.但若两者互相结合而共同发展,则就会相互加强,并以快速的步伐向着完美化的方向猛进.

——拉格朗日(Lagrange)

15.22 考查算术的最好方法,就是研究代数.

——F.卡约里(F.Cajori)

15.23 简言之,代数是函数的演算,而算术却是数值的演算.

——A.孔德(A.Comte)

15.24 我们可以有把握地预言:尽管有关哈密顿的四元数的著作现在还是那么安静地被搁置在数学家的书架上,甚至大西洋此岸见过此书的人不足50人,而阅读过该书的人更是不足 5 人，但在下一个世纪中，人们必将确认哈密顿的四元数是 19 世纪最伟大的发现.

——T. 希尔(T. Hill)

15.25 古代警句曾指出：上帝把大海赐给了英国，又把大陆赏给了法国，而把云层分给了德国. 于是德国人从云层中获得了符号＋(加号)和－(减号)；而这些符号所产生的思想对人类的幸福至关重要，这一切是无法在大海或大陆中获取的.

——A. N. 怀特海(A. N. Whitehead)

15.26 到目前为止，人们对于虚数的考虑，依然在很大程度上把虚数归结为一个有问题的概念，以致给虚数蒙上一层朦胧而神奇的色彩. 我认为只要不把$+1$、-1、$\sqrt{-1}$叫作正一、负一和虚一，而称为向前一、反向一和侧向一，那么这层朦胧而神奇的色彩即可消失.

——C. F. 高斯(C. F. Gauss)

15.27 什么是行列式理论？它是代数上的代数，这是一种使我们能够把代数运算组合起来并预言结果的演算，这种情况就与代数本身能使我们不必进行具体的算术运算也行之有效的情况是一样的. 所有的分析最终都必须以这种形式作为自己的外衣.

——J. J. 西尔维斯特(J. J. Sylvester)

15.28 正如俗话所说，“条条大路通罗马”，我认为，至少对于我自身的情况，所有的代数问题或迟或早都要归结到近世代数的首府上，而在首府的光照夺目的入口处铭刻着的却是“不变式理论”.

——J. J. 西尔维斯特(J. J. Sylvester)

15.29 我认为那些想把化学提高到一个适当位置的青年化学家们，应当聪明地、及时地掌握代数形式理论. 而对于物理学来说，我认为力学就是在分割理论或理想元素论基础上，或在两者的共同基础上所选择的代数结构，而这些也是未来化学所必不可少的……不变量理论和异构现象论乃是一对姐妹理论.

——J. J. 西尔维斯特(J. J. Sylvester)

15.30 近来，下述观点已愈来愈流行了：认为许多数学分支，不过是某些特殊群的不变式理论.

——S. 李(S. Lie)

15.31 图形的科学是最为灿烂而美丽的科学，仅将其称为几何学，这该是多么不恰当啊！

——N. 福里希里纳斯(N. Frischlinus)

15.32 柏拉图说：“上帝在不断地制作几何图形.”

——普卢塔克(Plutarch)

15.33 所有的权威人士都赞同这样的观点，即研究几何学或某些严密科学是柏拉图研究哲学必不可少的准备. 在柏拉图的学校入口处张榜通告：“不熟悉几何学的人请勿入内.”据说，柏拉图确曾拒绝过不通晓几何学的人作为他的学生.

——W. W. R. 巴尔(W. W. R. Ball)

15.34　塑造与才干，构成了探求真理的基础.

——F. W. 帕克尔(F. W. Parker)

15.35　几何真理是以渐近线的形式靠近物理真理的，即物理真理是无限地接近几何真理，而又不能完全地达到它.

——达朗贝尔(d'Alembert)

15.36　几何是逻辑决策的完美的范例.

——H. T. 布克尔(H. T. Buckle)

15.37　几何学的光荣，在于它从很少几条独立自主的原则出发，而得以完成如此之多的工作.

——I. 牛顿(I. Newton)

15.38　几何学把严格的逻辑推理应用于空间和图形的性质. 无论这个性质本身是何等明显与无懈可击，几何学的严格的逻辑推理还要把它向前推进一步. 即无论什么性质，无论它是多么明显，在几何学中仍然不允许不加证明. 因此，几何学是从最少的前提出发而证明全部几何真理的.

——A. 德・摩根(A. De Morgan)

15.39　几何学是一门了解和掌握事物外部关系的科学，几何学还使得事物的这些外部关系更易于解释、描述和传播.

——G. B. 哈斯特(G. B. Halster)

15.40　尽管在我初学欧几里得几何原理时，甚至非常讨厌几何学，但是几何学最终还是构成了我的第二宇宙，而且后来当我深入研究任何数学问题时，总要触及几何的基础部分.

——J. J. 西尔维斯特(J. J. Sylvester)

15.41 对数学而言，牛顿显然是一个奇才，欧几里得的《几何原本》在他面前竟显得如此微不足道. 牛顿起先的确也曾认为，几何原理是如此一目了然，定理的证明也很容易，但当他阅读较难懂的笛卡儿几何学时，终于发现若不透彻掌握欧几里得的几何原理，则必将陷入困境. 于是，他又高高兴兴地回过头去重新学习欧几里得的《几何原本》.

——J. 帕尔顿(J. Parton)

15.42 如果几何学不是严密的科学，那么几何学就不足道了. 因而如果不重视证明的严格性，那么整个几何教育的价值就等于零. 事实上，欧几里得的严格性是一致公认的.

——H. J. S. 史密斯(H. J. S. Smith)

15.43 没有人能像欧几里得那样给出如此容易而又自然的几何结果之链，而且每个结果都是永真的.

——A. 德・摩根(A. De Morgan)

15.44 几何学的惊人成就表明几何学是演绎形式的一种强有力的武器，它把那些本身不可分割的事物人为地加以分割，并且由此而进入演绎推理.

——H. T. 布克尔(H. T. Buckle)

15.45 几何学是星星之友，它用最纯洁的纽带把心灵与心灵联结在一起. 在几何学中只有推理，并且不受时间与空间的干扰与控制.

——W. 华兹华斯(W. Wordsworth)

15.46　毕达哥拉斯在发现了直角三角形基本定律后，曾举办了一次盛大的牛祭. 从此以后，每当新的真理被发现后，所有的笨人(牛)[①]都怕得瑟瑟发抖.

——波尔纳(Boerne)

15.47　所有的几何推理最终都是循环的：如果我们从点开始，那么这些点可以用相关的线和面来定义；如果我们从线和面开始，那么这些线和面可用它们通过的那些点来定义.

——B. 罗素(B. Russell)

15.48　描绘作为几何学基础的直线和圆弧是力学的事. 几何学并不教给我们如何去描绘这些线，而要求初学者在学习几何学之前就已学会如何精确地描绘这些线，所以描绘直线和圆弧的问题不是几何学问题，这些问题的解决要靠力学. 在求解问题时，几何学只是利用了这些直线和圆弧……因此，几何学是以力学的实践为基础的，它只是普通力学中涉及测量艺术的一部分. 人工的艺术主要与物体的运动有关，因而几何学所涉及的是物体的量，而力学所涉及的是物体的运动.

——I. 牛顿(I. Newton)

15.49　我们必须承认，存在着独立的几何学，就像存在着独立的物理学一样，两者均可用数学方法来处理. 几何学

① 在德语方言中，笨人被称为牛. ——译者注

是最简单的自然科学，它的公理都是那些经由经验检验，并在误差范围内得到认可的物理定律的本质.

——M. 波希尔(M. Bôcher)

15.50 从教育实践角度来说，我们有充分的理由认为，必须把平面几何原理的教学放在代数教学之前. 事实上，平面几何的内容更基本和更具体，它作为处理事物与关系的手段，也不全是符号的变换.

——N. M. 巴特勒尔(N. M. Butler)

15.51 古代几何学家在求解问题时已经利用了分析，虽然他们并不愿意把这方面的知识教给他们的后代.

——笛卡儿(Descartes)

15.52 投影几何在今天竟是如此地被普遍忽视，这实在令人惊讶. 实际上，在数学中再没有什么能比投影几何更吸引人的了. 投影几何既具有古代几何的具体性而并不枯燥，同时又具有分析几何之功能而并不需要进行计算. 投影几何在思想上和方法上的完美，充分体现了美学的一般原则，它是高等数学的魅力所在，也是一般初等数学所无法具有的优美之处.

——佚名

15.53 投影几何的两个数学基础是非调和比与四元结构，其余定理在数学上都源于这两个基础.

——B. 罗素(B. Russell)

15.54 在初等数学中，可能没有什么内容能像球面三角学那样使学生反感.

——P. G. 泰特(P. G. Tait)

15.55　古人根本不知道解析方程，笛卡儿是第一个把它引入曲线和曲面研究的人. 这些方程可以一般地应用于所有的现象. 没有什么语言能比解析方程更简单、更一般化、更明显和更不容易发生错误. 这就是说，解析方程能够更好地用来表达自然界的不变关系.

——J. 傅里叶(J. Fourier)

十六　微积分及其相关的学科

16.1　微分与积分的概念就其本源而言，应追溯到阿基米德；而将它们引入和渗透到科学的领域，则要归功于开普勒、笛卡儿、卡瓦列里（Cavalieri）、费马（Fermat）和沃利斯（Wallis）的研究……当然，关于微分与积分的互逆运算这一重要发现，则是属于牛顿和莱布尼茨的.

——S. 李（S. Lie）

16.2　费马是微分运算的真正发现者. 他认为微分是在略去与低阶无穷小相比显得更小的高阶无穷小项以后，再从有限差分运算中导出的……而牛顿则通过他的流数法提出了更具分析性的运算，并利用他所发明的二项式定理，使这一方法更加简化和一般化. 而莱布尼茨则丰富了微分运算.

——拉普拉斯（Laplace）

16.3　极限法与无穷小法之间的区别，就在于极限法要在计算结束前一概保留高阶消去项，直到最后才把它去掉；而在无穷小法中，则一开始就把高阶无穷小去掉了，亦即我们在取极限时，这些项就消失了，而一开始就去掉高阶无穷小并不影响最终结果.

——B. 威廉姆逊（B. Williamson）

16.4　当我们掌握了无穷小法的精神，利用原始比与最终比的几何法或导函数的分析法来证明结果的正确性时，我们可以利用无穷小量作为可靠而又有价值的工具来缩短和简化我们的证明.

——拉格朗日(Lagrange)

16.5　微分运算，具有代数运算的全部精确性.

——拉普拉斯(Laplace)

16.6　微积分法在任何时候都可能是最伟大、最精巧和最崇高的发明之一，它为我们开辟了一个新世界. 正如它已经做到的那样，它把我们的知识扩展到无限，并使我们超越了那些似乎已对人类思维有所规定了的界限，至少已经无限地超越了古代几何学所受到的种种限制.

——C. 霍顿(C. Hutton)

16.7　微积分就其广泛的意义而言，它是我们领悟物理真理的最伟大的助手.

——W. F. 奥斯哥德(W. F. Osgood)

16.8　无穷小分析，是思维的最强有力的武器，虽然它本身也是人类智慧的结晶.

——W. B. 斯密斯(W. B. Smith)

16.9　普通积分只不过是微分的积累……积分的不同技巧只是一些变换，但并不是从已知向未知的变换，而是从那些不能为我们所利用的形式向那些能为我们所利用的形式的变换.

——A. 德・摩根(A. De Morgan)

16.10 涉及任何自然现象的理论的实验证明,通常都取决于某一积分的结果.

——J. W. 梅洛尔(J. W. Mellor)

16.11 在所有的数学学科中,微分方程理论是最重要的……它为所有那些包含时间因素在内的自然界的基本现象提供了解释.

——S. 李(S. Lie)

16.12 众所周知,研究由微分方程所决定的超越函数的问题,是整个现代数学的中心问题.

——F. 克莱因(F. Klein)

16.13 任何人都会认为曲线概念是一目了然的,但当他充分地研究了数学以后,却会由于无数的例外情形的出现而被弄糊涂了,并由此而认识到原先并没有掌握曲线的本质……曲线是点的汇集,它的坐标是可微分参数的函数.

——F. 克莱因(F. Klein)

16.14 应用双曲函数的主要优点,就在于它能揭示无理函数的积分之间的某些奇妙的相似性.

——W. E. 比尔雷(W. E. Byerly)

16.15 在纯粹物理和应用物理的每个分支中,无论是对实验科学还是对技术科学而言,双曲函数都是非常有用的. 当某一物理量(如光、速度、电、放射性等)被逐渐吸收或消失时,其衰变规律就可用某种形式的双曲函数来表示. 例如,莫卡托(Mercator)的投影便可用双曲函数来计算. 又如当我进行机械应变测量时,最简单的表示方法就是采用双曲函数. 所以地质变形问题往往要用到双曲函数的表达式.

——C. D. 沃尔阔特(C. D. Walcott)

16.16　几何看来有时候要领先于分析,但事实上,前者对于后者而言,就像仆人在主人的前面鸣锣开道那样,因为两者之间的差距就像经验与科学、理解与理由或者有限与无限之间的差距一样.

——J. J. 西尔维斯特(J. J. Sylvester)

16.17　函数概念是近代数学思想之花.

——T. J. 麦考梅克(T. J. McCormack)

16.18　"零"涉及下述三个问题:即有关无穷、无穷小和连续性的问题……过去的每一代最聪明的学者都试图攻克这些问题,但都没有成功……直到经由魏尔斯特拉斯(Weierstrass)、戴德金(Dedekind)、康托尔(Cantor)等数学大师的努力才解决了这些问题,并且解决得十分清楚,似乎没有留下任何值得怀疑的地方. 这一成就堪称时代的骄傲……其中无穷小这一问题是由魏尔斯特拉斯解决的,其余两个问题则是由戴德金开始,而由康托尔最终解决的.

——B. 罗素(B. Russell)

16.19　莱布尼茨和牛顿发现了微积分,才驱散了围绕着无穷概念的阴云,并且清楚地建立了连续及连续变化的概念,使得新发现的力学概念不断地取得完善和得到有效的应用.

——H. 亥姆霍兹(H. Helmholtz)

16.20　无穷小思想是无矛盾的……在极限和无穷小两

种方法之间，我作为一个数学家更倾向于无穷小方法，因为这一方法较为容易且较少地导致困境.

——C. S. 裴尔斯(C. S. Pierce)

16.21 微分是什么？就是速度渐近于零的增量.然而什么是渐近于零的增量呢？它既不是有限量，也不是无限小，又不是零.但我们又更不能称之为僵死的量的鬼魂?!

——G. 贝克莱(G. Berkeley)

16.22 在几何学中，我们不仅承认无穷大量，即承认有一种量，它可以比任何给定的量都要大，我们还可进一步承认比无穷大量还要大的更高一级的无穷大量.当然，相对于我们的脑袋的大小和大脑的大小来说，这是十分惊奇的，因为最大的脑袋的大脑也只不过15厘米×13厘米×15厘米.

——伏尔泰(Voltaire)

16.23 无穷是数学魔术的王国，而零这个魔术师就是国王.当零除以任何数时，不论该数的值多么大，都把该数变成无穷小.反之，当零作为除数时，则又把任何数变成无穷大.在零的领地中，曲可变直，圆可成方.在这里，所有的等级都被废除了，因为零把一切都降到同等水平.在零的统治下，整个王国总是快乐无比.

——P. 卡洛斯(P. Carus)

16.24 我反对把无穷大量作为一个已完成了的对象来使用，尤其在数学中是永远不允许这样做的①.所谓无穷，仅

① 如所知，在哲学上有所谓消极无穷与积极无穷之分，哲学上的这两种不同的无穷性概念在数学中的具体表现就是潜无穷和实无穷.哲学上两种无穷观的一系列争议在数学中的反映，便是潜无穷论者与实无穷论者的论战史.而伽罗瓦、克罗内克、博雷尔、勒贝格、外尔等皆反对实无穷概念.在这里，高斯也表达了他反对实无穷概念的观点.——译者注

仅是一种说法而已，其真实含义是指某个比率在无限接近的过程中的极限，而任何其他的量却被允许无限制地增长.

——高斯(Gauss)

16.25 尽管潜无穷和实无穷这两个概念之间有着本质的差别(潜无穷指一种能超越任何有穷极限而不断增长着的、仍在变动中的有穷量态，而实无穷则是一种超过一切有穷值的、已完成了的确定的量态)，但在实际上却是经常地被混为一谈的……由于对那种不合传统观念之实无穷概念的讨厌，以及现代唯物主义的倾向，某种“可怕的无穷”观念已在科学界广泛地流行起来，我们可在高斯的信[①]中看到对这种经典表述的支持. 但我却认为，若对合理的实无穷不加分析地予以拒绝，则就必将不折不扣地违背事实的本来面目，然而我们还是必须按照事物之本来面目去看待一切.

——G. 康托尔(G. Cantor)

16.26 人们往往把“无穷”与“不确定性”相混淆，然而这却是两个完全对立的概念. 极限是一种可赋值而又尚未赋值的量，而无穷则压根儿不是一个量. 因为它是一个不增、不减又不可赋值的极限，它是一种连续地取定已赋值之极限的运算，是一种把新的量无限制地加到旧的量上去的运算，即连续微分. 另外，虽然无穷不是量，但零却是量. 若把零视为空量的记号，那么无穷便是连续性存在的记号，并在极限的添加过程中，连续性又被理想化地不断分割为不连续的部分.

——G. H. 刘易斯(G. H. Lewes)

① 见16.24.——译者注

16.27 我认为在一切概念中,正是数给我们提供了关于无穷的最清晰的概念.

——J. 洛克(J. Locke)

16.28 对于一个由许多项构成的集合,如果该集合包含着一个由其中一部分项所组成之集合,而这个由部分项所组成之集合所含有的项的个数却又与原集合所含之项的个数相同,那么原集合便是一个无穷集合.又在一个集合中,如果剔除了其中的某些项之后,而该集合中所含有的项的个数又并未减少,那么该集合就必定包含着无穷多个项.

——B. 罗素(B. Russell)

16.29 有一个颠扑不破的真理,那就是当我们不能确定什么是真的时,我们就应该去探求什么是最可能的.

——笛卡儿(Descartes)

16.30 如所知,论证是利用那些彼此之间具有固定不变的、显而易见而又互相联系着的若干证明去表明两种思想的一致或不一致,而概率也不过是这种一致或不一致的一种表现形式,其不同之处只在于那些互相联系着的若干证明不再固定不变,或者至少不被认为是固定不变的.

——J. 洛克(J. Locke)

16.31 自然界绝大部分重要问题都是概率问题.严格地讲,我们的一切知识几乎都是概率性的,只有很少的事物对我们来说是知其所以然的.即使在数学中,归纳和类比这些发现真理的基本方法也是建基于概率的.因此人类知识的整个系统都和概率论息息相关.

——拉普拉斯(Laplace)

16.32　概率论的诞生，虽然渊源于概率游戏，但在今天，概率论却已成为人类知识的最重要的组成部分之一.

——拉普拉斯(Laplace)

16.33　误差理论作为一个数学分科，首先，它涉及一个或多个误差源的效果影响的表现理论，而对这些误差而言，被计算的和被观察的量是主体；其次，它还是一种涉及所决定的误差量和所发生的概率之间的关系的理论.

——R. S. 乌达尔特(R. S. Woodward)

16.34　在概率论的应用中，误差理论的应用最多. 在天文、测地、物理、化学直至每一个要想获得精确测量和计算的科学中，误差理论的知识是绝不可少的. 借助这一理论，纯科学才于19世纪取得巨大的进步. 实际上，这不仅取决于自然常数方面，而且也取决于确立清晰思想以使其能沿着同一方向去征服未来的方面. 例如，在科学史中，没有什么能比应用最小二乘法去求解有关地球和太阳系中诸行星的一系列问题时所获得的成就更令人满意和具有指导意义了. 最小二乘法的实际价值和理论意义是如此巨大，以至有时把它视为概率论的一个主要部分.

——R. S. 乌达尔特(R. S. Woodward)

十七　基本概念、时间与空间

17.1　I. 康德(I. Kant)的时间论

Ⅰ. 时间不是由经验的演绎而获得的概念. 如果时间的表示不是先验地给出的话,那么共存性和相继性就不会进入我们的感觉. 只有时间的表示是先验地给出的,我们才能想象某些事是同时(即刻)发生的,某些事又不是同时(相继)发生的.

Ⅱ. 时间是一切直觉所必须依赖的必然表示. 尽管我们可在某个时间内排除某些现象,但却不能从某些现象中排除时间. 只有在时间中,现象才是可出现的. 任何现象均可消失,但时间作为现象之可能性的一般条件,却是永不消失的.

Ⅲ. 一般说来,时间关系或时间公理的这些毋庸置疑的原理也取决于先验的必然. 时间只是一维的,不同的时间不是即刻的,而是相继的,但不同的空间却不是相继的,而是即刻的. 这些原则都不能由经验导出,因为经验既不能把绝对世界赋予这些原则,也不能把必然性赋予这些原则.

Ⅳ. 时间是不能推论的,它不是所谓的一般概念,它只是直觉的纯粹形式. 不同的时间只是一个时间中的某些部分.

Ⅴ. 我们说时间是无限的,这无异于认为只有当那些组成所有时间之基础的各个时间的限制存在时,才能有各个确定时间的存在,因而时间的原始表示必然是没有限制的. 然而即使每个部分都能用限制来表示,其整体的表示也不能由概念给出(因为在这种情况下,部分的表示在前),而必然取决于时间直觉.

——I. 康德(I. Kant)

17.2　I. 康德(I. Kant)的空间论

Ⅰ.空间不是由外部经验所导出的概念.为了使某些感觉能够涉及身外之物(自身所在之部分空间之外的部分空间之物),为了使我们能够并列地表示这些事物,那么空间的表示就必须是已经存在的.

Ⅱ.空间是形成所有外部直觉基础的先验的必然表示.尽管人们可以很自然地想象存在着空无所有的空间,但却不可能想象存在着没有空间的地方.因而空间可被认为是现象得以存在的必要条件,而绝不是由现象所产生的某种结果.亦即空间必然是所有外部现象以前就存在着的先验表示.

Ⅲ.所有的几何原理的必然性及其结构的先验存在的可能性,均依赖于空间的先验表示的必然性.因为如果空间的直觉来自一般外部经验的话,那么数学定义的第一批原理就不过是感觉了.这样,各个原理本身就必然要受到错误感觉的影响,因而在两点之间存在着一条直线这样的原理就不是必然的,而是在各种情况下由经验所分别决定的事.由经验得到的东西只有相对的一般性,并取决于归纳.最后,目前为止,我们所观察到的空间没有超过三维的.

Ⅳ.一般说来,空间不是推导的,因为它不是事物关系的一般概念,而是一种纯粹的直觉.由于我们只能想象出一个空间,通常谈到许多空间时,其意是指该空间的各个部分,而部分空间又只能被包含在整体空间之内而存在着,因而空间在本质上是一个整体.从而空间只能是先验的直觉,而不是经验的东西.

Ⅴ.空间可以表示为无限的量.现在我们常把每一个概念视为一种表示,它被包含在无数个不同的可能的表示之中,因而不存在本身可以包含无穷个表示这样的概念. 然而空间却可包含无穷个表示,因为无限空间的所有部分空间可以同时存在. 由此可得出结论:空间的原始表示是先验的直觉,而不是一个概念.

——I. 康德(I. Kant)

17.3 叔本华(Schopenhauer)的先验范畴

(1) 只存在一个时间,所有的不同时间只是该时间的各个部分.

只存在一个空间,所有的不同空间只是该空间的各个部分.

(2) 不同的时间不是即刻的,而是相继的.

不同的空间不是相继的,而是即刻的.

(3) 可以想象时间中无物,但不能想象没有时间之物.

可以想象空间中无物,但不能想象没有空间之物.

(4) 时间有三段:过去、现在和未来,对任一点来说,它有两个方向.

空间有三维:高度、宽度和长度.

(5) 时间是无限可分的.

空间是无限可分的.

(6) 时间是同质的和连续的,亦即各个部分之间没有差别,也不能用超时间之物来区分时间.

空间是同质的和连续的,亦即各个部分之间没有差别,也不能用超空间之物来区分空间.

(7) 时间无开始,也无结束,但一切开始和结束都在时间之中.

空间没有限制,但一切限制都在空间之中.

(8) 时间使计数成为可能.

空间使度量成为可能.

(9) 节奏仅存在于时间之中.
对称仅存在于空间之中.

(10) 时间的规律是一个先验的概念.
空间的规律是一个先验的概念.

(11) 时间是相继感觉的先验.
空间是即时感觉的先验.

(12) 时间不是永恒的,它要经过现在这个瞬间.
空间永远不经过什么,它在一切时间中永恒.

(13) 时间永不停止.
空间永不运动.

(14) 时间中的万物都有期限.
空间中的万物都有位置.

(15) 时间没有期限,但所有的期限都在时间之中.若与不宁静的过程相对比,则时间是永恒的持续.
空间没有运动,但所有的运动都在空间之中.若与宁静的空间相对比,则运动是空间里的位移.

(16) 运动只有在时间中才有可能.
运动只有在空间里才有可能.

(17) 在同一空间内,速度与时间成反比.
在同一时间内,速度与空间成正比.

(18) 时间必须通过物质在时空中的运动来测量,而不能由时间本身来直接测量.
空间既可通过物质在时空中的运动来测量,也可由空间本身来直接测量.

(19) 时间是普遍的,无处不在.
空间是永恒的,无时不在.

(20) 万物只有在时间中才是前后相继的.
万物只有在空间中才是同时并存的.

(21) 事物在时间中变易.

物质在空间中持久.

(22) 任何确定的时段都包容着万物.

任何确定的有限空间都不能包容该空间之外的任何事物.

(23) 时间是原始基元.

空间是原始基元.

(24) 即时没有时段.

位置点没有长度.

(25) 时间本身空无所有而不确定.

空间本身空无所有而不确定.

(26) 每一瞬间都要以前一瞬间为条件,而且前一瞬间已不复存在(时间存在的充足理由律).

空间中的边界关系是彼此互相确定(空间存在的充足理由律).

(27) 时间使算术成为可能.

空间使几何成为可能.

(28) 算术的元素是1.

几何的元素是点.

——叔本华(Schopenhauer)

17.4 几何公理既不是先验的综合,也不是经验的事实,它们仅仅是一些约定但这些约定却又是在所有可能的约定中根据经验事实所选择出来的.并且这些约定除要受到不能导致矛盾的约束外,不再受到更多的约束而基本上是自由的……几何公理实际上都是伪装的定义.

可能有人会提出这样的问题,欧几里得几何是真的吗?

这个问题是毫无意义的,这就像有人要问公制是不是真的?或者老的测量制是不是假的?直角坐标是不是真的?

或者极坐标是不是假的?

——H. 庞加莱(H. Poincaré)

17.5　我们的空间特征并不是思想的需要,这些特征把我们的空间与其他被设想出来的空间区分开来,它们仅仅是依靠经验建立起来的.

——R. S. 巴尔(R. S. Ball)

17.6　公理是显然的真理这一人所共知的说法的含义是:我们称为公理的命题,已由我们的经验与直觉认可. 但是这样一来,如果数学只是一门受形式和非物质内涵所支配的形式科学的话,那么数学就没有公理.

——E. B. 威尔逊(E. B. Wilson)

17.7　空间只有一个,尽管我们可有种种说法,也可有种种几何系统,但几何系统毕竟不是空间,而只是空间测度的种种方法,而种种说法,则更不过是为了刻画空间这一目的而发明的种种理想结构.

——P. 卡洛斯(P. Carus)

17.8　正如我所说过的那样,哲学界对非欧几何还没有充分了解. 但数学界却已对非欧几何普遍承认. 而且在数学科学中为了各种目的,诸如现代函数论中,非欧几何已是某些非常复杂的算术关系的直观表示的工具.

——F. 克莱因(F. Klein)

17.9　在上一世纪中,最有启发和最令人瞩目的成就,是非欧几何的发现.

——D. 希尔伯特(D. Hilbert)

17.10 非欧几何是人类智慧解放者的大主教.

——C. J. 开塞尔(C. J. Keyser)

17.11 我越来越确信几何真理是不能凭借人类智慧来证明的. 也许在另一个世界里,我们可以明白那些我们现在所不能明白的空间的本质.

——高斯(Gauss)

17.12 我们可以很自然地把几何语言扩充到任意多个变量的情形,此时用点表示 n 个变量的系统(点的坐标),用空间(n 维的)表示所有这些点或值的总体……为了使研究具有最大的普遍性,并在研究中保持对几何的直觉,上述这种扩充对于大量的研究工作而言是非常必要的. 但要注意的是如此利用几何语言时,我们实际上不再是真正地去建立几何学,因为我们所考虑的形式在本质上是分析性的. 例如,用这种方法所构造的一般投影几何,在本质上已不过是线性变换的代数而已.

——C. 赛格尔(C. Segre)

17.13 在普通代数中能找到 $\sqrt{-1}$ 的人,必然能在空间中发现四维. 在四维空间中,ABC 就要变成 $ABCD$;即使他们不能发现四维,也可去想象四维,并称之为不可能的维. 我们还发现,四维可以服从所有的三维规律. 正如在普通代数中,$\sqrt{-1}$ 可以给出一切有意义的组合一样,被理论家们称为不可能存在的任意维空间,也是可以给出有意义的结果的.

——A. 德 · 摩根(A. De Morgan)

17.14 诸如无穷、虚数、超空间的关系等概念,是不能直接想象的，但把这些概念引进几何学，并使之具有心理学的意义，是值得我们研究的. 这种研究实际上探索了人类思维的源泉与进程的奥秘，并且始终处于数学和心理学的交界处.

——J. T. 梅尔兹(J. T. Merz)

17.15　超空间的最一般的抽象化更加丰富和美化了分析学，使分析学具有简洁、美感和艺术的几何语言. 另外，超空间本身也是一个趣味无穷和极为丰富的研究领域. 利用超平面，几何学家不仅在直觉的普通空间的黑暗中找到了光明，而且还发现了许多普通空间所没有的性质和结构……正是由于创造了超空间，理性精神才能从种种限制中解放出来. 例如，在超平面中，由于有无限自由的永恒感觉的支持，一切将是永恒的、愉快的.

——C. J. 开塞尔(C. J. Keyser)

十八　悖论与神奇

18.1　伪数学家对待数学，犹如猴子对待剃须刀一样．猴子看到了它的主人如何刮胡子，就想也给自己刮胡子，但又没有任何关于拿剃刀的技术，更不知道刮胡子时剃刀与脸面所要保持的一定角度，结果胡子没有刮掉，却割断了自己的喉咙，因而这个可怜的动物就永远不能再进行第二次试验了！然而伪数学家却在继续做他们的工作，还要指责别人都是满脸胡须，自吹唯有他自己的胡子已经刮得干干净净．

——A．德·摩根(A. De Morgan)

18.2　正如闪电净化了云层与雾气那样，尖锐的悖论，使人类智慧从那些表面上看来无可置疑的假设中解放出来．悖论是偏见的死敌．

——J. J. 西尔维斯特(J. J. Sylvester)

18.3　1626年，荷兰首任驻美总督彼得·米纽伊特(Peter Minuit)曾用24美元从印第安人手中买到了曼哈顿岛．当时的存款利率是相当高的．后来，随着财富的积累而逐渐降低，但就目前的合法利率而言，也在6%到7%之间．为简便起见，我们就假定从1626年到现在的利率一直是7%，那么，如果印第安人当时不把这24美元花掉，而按该利率存入银行，当然，每年还要将利息加到本金上再计利息，如此在经过了280年后的今天，其总金额该是多少呢？应该是

$$24\times(1.07)^{280}=4\ 051\ 995\ 865\approx 40\text{ 亿美元}$$

——W. F. 怀特(W. F. White)

18.4　毕达哥拉斯学派和柏拉图主义者都十分重视简洁性. 毕达哥拉斯凭借他的数学技巧发现了空间互不相同的正多面体不会超过五种,亦即仅有正四面体、正六面体、正八面体、正十二面体和正二十面体①. 毕达哥拉斯还在他用简明的方法所写成的著作中明确指出,探索这些正多面体的性质及其关系将是设法打开自然奥秘的一把钥匙.

毕达哥拉斯学派和柏拉图主义者所使用的概念是都很完美和简洁的. 直到欧几里得时代,这些概念还都是十分流行的,而且欧几里得还是柏拉图式的哲学家. 另外,据说欧几里得著述《几何原本》这一巨著的目的,正是要探求上述五种正多面体的种种性质和关系. 这一目的也可在《几何原本》这一巨著的内容安排中看出,因为《几何原本》的最后一卷便是关于正多面体的研究,而前面所有各卷的内容又都是为最后一卷的讨论服务的.

——T. 里德(T. Reid)

18.5　我希望幸运在奇数中……人们也认为神灵在奇数中,即在生、死、机遇之中.

——莎士比亚(Shakespeare)

18.6　赫利奥多罗斯(Heliodorus)说,数(number)用希腊字母来写便是 $\nu\varepsilon\iota\lambda o\sigma$,而在希腊算术中,$\nu=50$,$\varepsilon=5$,$l=10$,$\lambda=30$,$o=70$,$\sigma=200$,而它们的和是 365,正好就是一年的天

① 关于空间中互不相同的正多面体有且只有 5 种一事,可用关于任意凸多面体的欧拉示性数 $X(p)=V-E+F=2$ 予以严格证明. ——译者注

数,因而数的意思就是一年.

——佚名

18.7 纯数学是魔术师的魔杖.

——诺瓦利斯(Novalis)

18.8 被常识所不能理解的一些奇迹往往是数学化了的.但在实际上并不存在真正的奇迹.那些所谓奇迹不过是借助于数学表述和理解的事物而已.对于数学来说,根本不存在什么奇迹.

——诺瓦利斯(Novalis)

数学家小传

F. 培根(F. Bacon,1561—1626) 英国哲学家、科学家. 曾就读于剑桥大学,后学习法律. 1618 年被任命为英国大法官,同年被封为男爵;1621 年被封为子爵. 他是近代哲学史上首先提出经验论原则的哲学家. 他重视感觉经验和归纳逻辑在认识过程中的作用,开创了以经验为手段、研究感性自然的经验哲学的新时代. 他对近代科学的建立起了积极的推动作用,对人类哲学史、科学史都做出了重大的历史贡献,被马克思誉为“英国唯物主义和整个现代实验科学的真正始祖”.

R. 笛卡儿(R. Descartes,1596—1650) 法国著名哲学家、数学家、物理学家,解析几何学奠基人之一. 1612 年到普瓦捷大学攻读法学,四年后获博士学位. 对哲学、数学、天文学、物理学、化学和生理学等领域都有深入的研究. 堪称 17 世纪欧洲哲学界和科学界最有影响的巨匠之一,被誉为“近代科学的始祖”,也是欧洲近代哲学的奠基人之一. 黑格尔称他为“现代哲学之父”. 他的哲学与数学思想对历史产生了深远的影响,他所建立的解析几何在数学史上具有划时代的意义.

I. 牛顿(I. Newton,1643—1727) 英国伟大的物理学家、数学家、天文学家、自然哲学家和炼金术士.曾就读于英国剑桥大学三一学院,获硕士学位.晚年潜心于自然哲学与神学.在数学上,他创立了“牛顿二项式定理”,并和莱布尼茨几乎同时创立了微积分学.微积分的创立为近代科学发展提供了最有效的工具,开辟了数学上的一个新纪元.他对解析几何与综合几何都有贡献.此外,他的数学工作还涉及数值分析、概率论和初等数论等众多领域.

G. W. 莱布尼茨(G. W. Leibniz,1646—1716) 德国最重要的自然科学家、数学家、物理学家和哲学家之一.曾获法学博士学位.他在数学方面的成就是巨大的,其中微积分的发明在数学史上具有划时代的意义.他还是一个举世罕见的科学天才,他的研究领域及成果遍及数学、物理学、力学、逻辑学、生物学、化学、地理学、解剖学、动物学、植物学、气体学、航海学、地质学、语言学、法学、哲学、历史等,对丰富人类的科学知识宝库做出了不可磨灭的贡献.

I. 康德(I. Kant,1724—1804) 德国哲学家,天文学家,星云说的创立者之一,德国古典唯心主义创始人.先后当选为柏林科学院、彼得堡科学院、科恩科学院和意大利托斯卡那科学院院士.他被认为是对现代欧洲最具影响力的思想家之一,也是启蒙运动最后一位主要哲学家.同时他也是有重大贡献的自然科学家,他提出了宇宙起源的“星云假说”,第一次用科学观点回答了宇宙成因这一重大而又基本的科学问题,

为近代科学技术的发展做出了巨大贡献.

J. L. 拉格朗日(J. L. Lagrange,1736—1813) 法国数学家、物理学家. 拉格朗日科学研究所涉及的领域极其广泛. 他在数学、力学和天文学三个学科领域中都有历史性的贡献,其中尤以数学方面的成就最为突出. 他在数学上最突出的贡献是使数学分析与几何与力学脱离开来,使数学的独立性更为清楚,从此数学不再仅仅是其他学科的工具. 百余年来,数学领域的许多新成就都可以直接或间接地溯源于拉格朗日的工作,在数学史上被认为是对分析数学的发展产生全面影响的数学家之一.

拉普拉斯(Laplace,1749—1827) 法国数学家、天文学家. 1785 年当选为法国科学院院士. 1795 年任综合工科学校教授,后又在高等师范学校任教授. 1816 年成为法兰西学院院士. 他的研究领域很广,涉及数学、天文、物理、化学等方面的许多课题. 他是分析概率论的创始人,是应用数学的先驱. 他用数学方法证明了行星的轨道大小只有周期性变化,这就是著名的拉普拉斯定理. 他也是天体力学的主要奠基人,是天体演化学的创立者之一,被誉为“法国的牛顿”和“天体力学之父”.

J. B. J. 傅里叶(J. B. J. Fourier,1768—1830) 法国数学家、物理学家. 巴黎高等师范学校的首批学员. 1798 年随拿破仑远征埃及时任军中文书和埃及研究院秘书,1801 年回国后任伊泽尔省地方长官. 1817 年当选为科学院院士,1822 年任该院终身

秘书,后又任法兰西学院终身秘书和理工科大学校务委员会主席.他最突出的贡献是对热传导问题的研究和新的普遍性数学方法的创造,这为数学物理学的前进开辟了道路,极大地推动了应用数学的发展,从而也有力地推动了物理学的发展.

C. F. 高斯(C. F. Gauss,1777—1855)

德国著名的数学家、物理学家和天文学家.1795 年进入格丁根大学学习.21 岁大学毕业,22 岁获博士学位.他是近代数学奠基者之一,他的成就遍及纯粹数学和应用数学的各个领域,在数论、非欧几何、微分几何、超几何级数、复变函数论以及椭圆函数论等方面均有开创性贡献.他十分注重数学的应用,善于把数学成果有效地应用于天文学、物理学等科学领域.他和牛顿、阿基米德被誉为有史以来的三大数学家,有“数学王子”之称.

A. 德·摩根(A. De Morgan,1806—1871) 英国数学家、逻辑学家.1827 年毕业于剑桥大学.长期任伦敦大学学院教授、英国皇家学会会员.1865 年帮助创建伦敦数学会,并任首任会长.他在分析学、代数学、数学史及逻辑学等方面做出了重要的贡献.他的工作对 19 世纪的数学具有相当大的影响力.在逻辑学方面,他发展了一套适合推理的符号,并首创关系逻辑的研究.他提出了论域概念,并以代数的方法研究逻辑的演算,建立了著名的德·摩根定律.

J. J. 西尔维斯特(J. J. Sylvester,1814—1897) 英国数学家.曾就读于剑桥约翰学

院和柏林大学.在英国和美国的多所大学担任过教授,并且当过律师.他的贡献主要在代数学方面.他同凯莱一起,发展了行列式理论,创立了代数型的理论,共同奠定了关于代数不变量的理论基础.他创造了许多数学名词,当代数学中常用到的很多术语都是由他引入的.他是《美国数学杂志》的创始人,为发展美国数学研究做出了贡献.他除了对数学的研究之外,还是一位诗人,对音乐也有浓厚的兴趣.

K. 魏尔斯特拉斯(K. Weierstrass, 1815—1897)　德国数学家. 1834 年入波恩大学学习法律和财政, 1838 年转学数学. 1854 年获得柯尼斯堡大学名誉博士学位. 1856 年受聘为柏林大学助理教授,同年成为柏林科学院成员, 1864 年升为教授.他的主要贡献在数学分析、解析函数论、变分法、微分几何学和线性代数等方面.他是将分析学置于严密的逻辑基础之上的一位大师,被后人誉为"现代分析之父".他还是一位杰出的教育家,一生培养了大批有成就的数学人才.

C. S. 皮尔斯(C. S. Peirce, 1839—1914)　美国哲学家,逻辑学家,自然科学家,实用主义的创始人.于 1855 年进哈佛大学学习化学,并对哲学、天文学等多种学科感兴趣.他一生并不得志, 1887 年以前一直谋求在大学获得一个正式教席,均未如愿.他是数学、研究方法论、科学哲学、知识论和形而上学领域中的改革者.他自认为首先是逻辑学家.在逻辑学方面有两大贡献,一个贡献是改进了希尔代数,另一个贡献是发展了关系逻辑,即引入新的概念和符号,把关系逻辑组成为一个关系演算.

G. 康托尔(G. Cantor, 1845—1918)　德国数学家、集合

论的创立人. 他先后就学于苏黎世大学、格丁根大学、法兰克福大学和柏林大学，主要学习哲学、数学和物理. 1884 年患了精神分裂症，最后死于精神病院. 他的集合论是人类认识史上第一次给无穷建立起抽象的形式符号系统和确定的运算，使无穷的概念发生了一次革命性的变化，并渗透到所有的数学分支，从根本上改造了数学的结构，促进了数学许多新的分支的建立和发展，还给逻辑学和哲学带来了深远的影响.

F. 克莱因(F. Klein，1849—1925)　德国数学家，1872—1875 年任埃尔朗根大学数学教授，1880—1886 年任莱比锡大学教授，1886—1913 年任格丁根大学教授. 他在非欧几何、连续群论、代数方程论等方面都取得了杰出的成就. 但主要贡献还是在几何方面. 他的几何学群论观点是 19 世纪几何学发展史上的一次飞跃，它引导了其后 50 年左右的几何学发展. 作为当时的领袖数学家，他的许多观点至今仍然对数学家、数学史家有所启迪.

H. 庞加莱(H. Poincaré，1854—1912)　法国数学家. 1881 年开始任巴黎大学教授，直至去世. 1905 年获得鲍尔约奖，1906 年当选为巴黎科学院主席，1908 年被选为法国科学院院士. 他从 1879 年就开始从事数学研究，并在数学的几乎整个领域都做出了杰出贡献，在数学哲学领域是直觉主义的先驱者之一. 他的研究几乎涉及数学的所有领域以及理论物理、天体物理等许多重要领域，被公认为 19 世纪后四分之一和 20 世纪初的领袖数学家，是对于数学和它的应用具有全面知识的

最后一个人.

A. N. 怀特海(A. N. Whitehead,1861—1947) 英国数学家、逻辑学家,过程哲学的创始人.1880 年入剑桥大学三一学院,毕业后留校任教.1914 年受聘为伦敦大学帝国科学技术学院应用数学教授.1924 年到美国哈佛大学任哲学教授,专注于建立其宇宙形而上学. 1931 年当选为英国科学院院士.他一生在数学、哲学、教育等领域留下了大量著作,他对数学,尤其是对现代逻辑的发展有一定贡献,他与罗素合著的《数学原理》标志着人类逻辑思维的空前进步,被称为永久性的伟大学术著作之一.

D. 希尔伯特(D. Hilbert,1862—1943) 德国数学家.自 1895 年起任格丁根大学教授.他领导了著名的格丁根学派,使格丁根大学成为当时世界数学研究的重要中心,并培养了一批对现代数学发展做出重大贡献的杰出数学家.他是 19 世纪和 20 世纪初最具影响力的数学家之一,他对数学的贡献是巨大的和多方面的,他的研究跨越不变式论、几何学基础论、代数整数论、潜势论、积分方程论、数学基础论等几乎所有的数学领域.他提出的著名的"希尔伯特问题"对 20 世纪的数学进程产生了深远的影响.

B. 罗素(B. Russell,1872—1970) 英国哲学家、数学家、逻辑学家,20 世纪西方最著名、影响最大的学者之一.1890 年考入剑桥大学三一学院学数学,后改学哲学.作为哲学家,他的思想大致经历了绝对唯

心主义、逻辑原子论、新实在论、中立一元论等几个阶段. 他的主要贡献首先是在数理逻辑方面. 他由数理逻辑出发,建立起来的逻辑原子论和新实在论,使他成为现代分析哲学的创始人之一.

后　记

本书按原著的英文版本编译而成，原著篇幅较大，共分21章，计有1138条，在这里只选译了383条，并将某些章节适当合并而重编为18章. 所选诸条目按本书章节重新编码.

本书系编译，但译文尽量忠实于原文，有时对立的观点也译出，以便读者比较. 书中许多语录虽属经典数学家的名言，但"尽信书不如无书"，因而读者仍应采取科学分析的态度来阅读、理解和使用本书所选译之条目的内容. 另外译者还对少数条目给出一些注解，以供参考. 特请曲宏宇选编了数位数学家的小传，以使读者更好地体会及理解数学家们的言行. 书末给出了人名中外文对照表，便于读者查阅. 由于译者水平所限，译文不够贴切之处在所难免，望读者批评指正.

朱剑英

人名中外文对照表

阿波特/J. S. C. Abbott
阿尔波斯诺特/Arbuhtnot
阿夫雷德·普林希姆/Alfred Pringsheim
阿基米德/Archimedes
阿拉哥/Arago
阿里斯铁波斯/Aristippus
阿塞尔·凯莱/Arthur Cayley
阿塞尔·勒费夫尔/Arthur Lefevre
艾麦逊/R. W. Emerson
奥格斯特·魏斯曼/August Weismann
奥格斯廷·柯诺特/Augustin Cournot
奥斯哥德/W. F. Osgood
巴尔奈特/P. A. Barnett
巴尔特伦德·罗素/Bertrand Russell
巴克哈尔德/H. Burkhardt
巴利斯/Paris
巴特勒尔/N. M. Butler
柏拉图/Plato
保罗·戈登/Paul Gordan
保罗·卡洛斯/Paul Carus
贝多芬/Beethoven
贝尔特拉米/Beltrami
贝克/Böckh
比尔雷/W. E. Byerly
彼得·密纳特/Peter Minuit
毕达哥拉斯/Pythagoras
毕林斯雷/H. Billingsley
毕托雷米/Ptolemy
波尔纳/Boerne
波浦/A. Pope
伯克哈特/H. Burkhardt
伯努利/Bernoulli
布尔/Boole
布克尔/H. T. Buckle
布洛亨姆/H. L. Brougham
查尔斯·霍顿/Charles Hutton
达朗贝尔/d'Alembert
戴德金/Dedekind

戴维斯/E. W. Davis
德·摩根/A. De Morgan
德尔菲/W. P. Durfee
德谟克利特/Democritus
德莫林斯·波尔达斯/Demoulins Bordas
狄尔曼/E. Dillmann
狄利克雷/Dirichlet
笛卡儿/Descartes
第尔曼/C. Dillmann
杜格尔德·斯特沃尔特/Dugald Stewart
朵贝尔/A. E. Dolbear
法因/H. B. Fine
菲里克斯·克莱因/Felix Klein
菲力浦·马格纳斯/Philip Magnus
费马/Fermat
费契/G. D. Fitch
费契/J. C. Fitch
佛罗伦斯·密尔奈尔/Florence Milner
弗朗西斯科·维什利奥/Francesco Vecellio
伏尔泰/Voltaire
福尔西斯/A. R. Forsyth
福里希里纳斯/N. Frischlinus
福伦克兰德/A. Frankland
福斯特/G. C. Foster
傅里叶/J. Fourier
伽雷/Galle
高斯/Gauss
高斯塔夫·霍尔兹缪勒/Gustav Holzmüller
歌德/Goethe
格雷希尔/J. W. L. Glaisher
哈密顿/Hamilton
哈斯特/G. B. Halster
哈维洛克·爱里斯/Havelock Ellis
汉姆波尔特/A. Humboldt
荷马/Homer
赫巴特/J. F. Herbart
赫尔曼·格拉斯曼/Hermann Grassmann
赫尔曼·汉克尔/Hermann Hankel
亥姆霍兹/Helmholtz
赫利奥多罗斯/Heliodorus
赫胥黎/T. H. Huxley
黑格尔/Hegel
亨德尔/Handel
亨利·庞加莱/Henri Poincaré
亨利·亚当斯/Henry Adams
沃利斯/Wallis
华兹华斯/Wordsworth
怀特/H. S. White
怀特/W. F. White
怀特海/A. N. Whitehead

霍德逊/W. H. H. Hudson
霍尔斯特德/G. B. Halsted
霍夫曼/F. S. Hoffman
霍维逊/G. H. Howison
焦维特/B. Jowett
卡瓦列里/Cavalieri
卡约里/F. Cajori
开尔文勋爵/Lord Kelvin
开普勒/Kepler
开塞尔/C. J. Keyser
凯利/Cayley
康托尔/Cantor
柯勒里吉/S. T. Coleridge
柯西/Cauchy
科拉狄・赛格尔/Corradi Segre
孔德/A. Comte
克里福德/W. K. Clifford
克伦威尔/Cromwell
克洛雷克尔/L. Kronecker
库仑/Coulomb
奎特雷特/Quetelet
拉格朗日/Lagrange
拉兰德/Lalande
拉普拉斯/Laplace
莱布尼茨/G. W. Leibniz
雷夫・斯潘士/Rev. J. Spence
雷吉奥蒙太纳斯/Regiomontanus
雷特/F. Reidt
黎曼/Riemann
利威列尔/Leverrier
刘易斯/G. H. Lewes
卢斯肯/Ruskin
鲁的奥/F. Rudio
鲁什博士/Dr. Rush
罗巴切夫斯基/Lobachevsky
罗保特・波耶/Robert Boyle
弗兰西斯・培根/Francis Bacon
洛维雷斯/Lovelace
马赫 /E. Mach
马克思・德索伊尔/Max Dessoir
马克思・赛蒙/Max Simon
马克西姆・波希尔/Maxime Bôcher
马希克/H. Maschke
马休斯/G. B. Mathews
麦克马雷/C. A. McMurray
梅尔兹/J. T. Merz
梅洛尔/J. W. Mellor
梅内赫莫斯/Menaechmus
密尔/J. S. Mill
闵可夫斯基/H. Minkowski
莫比乌斯/P. J. Moebius
莫卡托/Mercator
莫雷/J. A. H. Murray
莫扎特/Mozart
拿破仑/Napoléon
牛顿/I. Newton
诺瓦利斯/Novalis

数学高端科普出版书目

数学家思想文库	
书　名	作　者
创造自主的数学研究	华罗庚著;李文林编订
做好的数学	陈省身著;张奠宙,王善平编
埃尔朗根纲领——关于现代几何学研究的比较考察	[德]F. 克莱因著;何绍庚,郭书春译
我是怎么成为数学家的	[俄]柯尔莫戈洛夫著;姚芳,刘岩瑜,吴帆编译
诗魂数学家的沉思——赫尔曼·外尔论数学文化	[德]赫尔曼·外尔著;袁向东等编译
数学问题——希尔伯特在1900年国际数学家大会上的演讲	[德]D. 希尔伯特著;李文林,袁向东编译
数学在科学和社会中的作用	[美]冯·诺伊曼著;程钊,王丽霞,杨静编译
一个数学家的辩白	[英]G. H. 哈代著;李文林,戴宗铎,高嵘编译
数学的统一性——阿蒂亚的数学观	[英]M. F. 阿蒂亚著;袁向东等编译
数学的建筑	[法]布尔巴基著;胡作玄编译

数学科学文化理念传播丛书·第一辑	
书　名	作　者
数学的本性	[美]莫里兹编著;朱剑英编译
无穷的玩艺——数学的探索与旅行	[匈]罗兹·佩特著;朱梧槚,袁相碗,郑毓信译
康托尔的无穷的数学和哲学	[美]周·道本著;郑毓信,刘晓力编译
数学领域中的发明心理学	[法]阿达玛著;陈植荫,肖奚安译
混沌与均衡纵横谈	梁美灵,王则柯著
数学方法溯源	欧阳绛著
数学中的美学方法	徐本顺,殷启正著
中国古代数学思想	孙宏安著
数学证明是怎样的一项数学活动?	萧文强著
数学中的矛盾转换法	徐利治,郑毓信著
数学与智力游戏	倪进,朱明书著
化归与归纳·类比·联想	史久一,朱梧槚著

数学科学文化理念传播丛书·第二辑	
书　名	作　者
数学与教育	丁石孙,张祖贵著
数学与文化	齐民友著
数学与思维	徐利治,王前著
数学与经济	史树中著
数学与创造	张楚廷著
数学与哲学	张景中著
数学与社会	胡作玄著

走向数学丛书	
书　名	作　者
有限域及其应用	冯克勤,廖群英著
凸性	史树中著
同伦方法纵横谈	王则柯著
绳圈的数学	姜伯驹著
拉姆塞理论——入门和故事	李乔,李雨生著
复数、复函数及其应用	张顺燕著
数学模型选谈	华罗庚,王元著
极小曲面	陈维桓著
波利亚计数定理	萧文强著
椭圆曲线	颜松远著